国家出版基金项目
NATIONAL PUBLICATION FOUNDATION

"十三五"国家重点出版物
出版规划项目

"中国制造2025"
出版工程

复杂系统
弹性建模与评估

李瑞莹　杜时佳　康　锐　著

化学工业出版社

·北　京·

本书聚焦复杂系统的弹性建模与评估方法，第1章总结评述了关于系统弹性研究的大量已有成果；第2～3章论述了系统弹性模型，包括基于性能函数的系统弹性模型、基于聚合随机过程的多态系统弹性建模；第4～7章论述了系统弹性分析与评估方法，包括面向弹性的部件重要性分析、基于蒙特卡罗的系统弹性评估、扰动识别与系统弹性测评、复杂网络系统弹性规律研究。

本书适合控制科学与工程方向的研究人员和工程技术人员阅读，也适于高校相关专业硕士、博士研究生学习。

图书在版编目（CIP）数据

复杂系统弹性建模与评估/李瑞莹，杜时佳，康锐著.—北京：
化学工业出版社，2019.2
"中国制造2025"出版工程
ISBN 978-7-122-33625-5

Ⅰ.①复⋯ Ⅱ.①李⋯②杜⋯③康⋯ Ⅲ.①计算机系统-系统
建模-研究 Ⅳ.①TP303

中国版本图书馆 CIP 数据核字（2019）第 003798 号

责任编辑：宋 辉　　　　　　　　　　　文字编辑：陈 喆
责任校对：杜杏然　　　　　　　　　　　装帧设计：尹琳琳

出版发行：化学工业出版社（北京市东城区青年湖南街 13 号　邮政编码 100011）
印　　装：三河市延风印装有限公司
710mm×1000mm　1/16　印张 11¼　字数 207 千字　2019 年 6 月北京第 1 版第 1 次印刷

购书咨询：010-64518888　　　　　　　　售后服务：010-64518899
网　　址：http://www.cip.com.cn

定　价：58.00 元

序

　　制造业是国民经济的主体，是立国之本、兴国之器、强国之基。 近十年来，我国制造业持续快速发展，综合实力不断增强，国际地位得到大幅提升，已成为世界制造业规模最大的国家。 但我国仍处于工业化进程中，大而不强的问题突出，与先进国家相比还有较大差距。 为解决制造业大而不强、自主创新能力弱、关键核心技术与高端装备对外依存度高等制约我国发展的问题，国务院于 2015 年 5 月 8 日发布了"中国制造 2025"国家规划。 随后，工信部发布了"中国制造 2025"规划，提出了我国制造业"三步走"的强国发展战略及 2025 年的奋斗目标、指导方针和战略路线，制定了九大战略任务、十大重点发展领域。 2016 年 8 月 19 日，工信部、国家发展改革委、科技部、财政部四部委联合发布了"中国制造 2025"制造业创新中心、工业强基、绿色制造、智能制造和高端装备创新五大工程实施指南。

　　为了响应党中央、国务院做出的建设制造强国的重大战略部署，各地政府、企业、科研部门都在进行积极的探索和部署。 加快推动新一代信息技术与制造技术融合发展，推动我国制造模式从"中国制造"向"中国智造"转变，加快实现我国制造业由大变强，正成为我们新的历史使命。 当前，信息革命进程持续快速演进，物联网、云计算、大数据、人工智能等技术广泛渗透于经济社会各个领域，信息经济繁荣程度成为国家实力的重要标志。 增材制造（3D 打印）、机器人与智能制造、控制和信息技术、人工智能等领域技术不断取得重大突破，推动传统工业体系分化变革，并将重塑制造业国际分工格局。 制造技术与互联网等信息技术融合发展，成为新一轮科技革命和产业变革的重大趋势和主要特征。 在这种中国制造业大发展、大变革背景之下，化学工业出版社主动顺应技术和产业发展趋势，组织出版《"中国制造 2025"出版工程》丛书可谓勇于引领、恰逢其时。

　　《"中国制造 2025"出版工程》丛书是紧紧围绕国务院发布的实施制造强国战略的第一个十年的行动纲领——"中国制造 2025"的一套高水平、原创性强的学术专著。 丛书立足智能制造及装备、控制及信息技术两大领域，涵盖了物联网、大数据、3D 打印、机器人、智能装备、工业网络安全、知识自动化、人工智能等一系列的核心技术。丛书的选题策划紧密结合"中国制造 2025"规划及 11 个配套实施指南、行动计划或专项规划，每个分册针对各个领域的一些核心技术组织内容，集中体现了国内制造业领域的技术发展成果，旨在加强先进技术的研发、推广和应用，为"中国制造 2025"行动纲领的落地生根提供了有针对性的方向引导和系统性的技术参考。

这套书集中体现以下几大特点：

首先，丛书内容都力求原创，以网络化、智能化技术为核心，汇集了许多前沿科技，反映了国内外最新的一些技术成果，尤其使国内的相关原创性科技成果得到了体现。这些图书中，包含了获得国家与省部级诸多科技奖励的许多新技术，因此，图书的出版对新技术的推广应用很有帮助！这些内容不仅为技术人员解决实际问题，也为研究提供新方向、拓展新思路。

其次，丛书各分册在介绍相应专业领域的新技术、新理论和新方法的同时，优先介绍有应用前景的新技术及其推广应用的范例，以促进优秀科研成果向产业的转化。

丛书由我国控制工程专家孙优贤院士牵头并担任编委会主任，吴澄、王天然、郑南宁等多位院士参与策划组织工作，众多长江学者、杰青、优青等中青年学者参与具体的编写工作，具有较高的学术水平与编写质量。

相信本套丛书的出版对推动"中国制造 2025"国家重要战略规划的实施具有积极的意义，可以有效促进我国智能制造技术的研发和创新，推动装备制造业的技术转型和升级，提高产品的设计能力和技术水平，从而多角度地提升中国制造业的核心竞争力。

中国工程院院士 潘云鹤

前言

在可靠性研究的初期，常常把系统简化为"正常"和"故障"两种状态（即系统"二态性"），并在此基础上开展可靠性建模、设计、分析、评估的理论和方法研究。随着研究的不断深入，人们发现复杂系统在"正常"和"故障"两种状态之间还存在 $1\sim n$ 种性能降级状态，"多态系统"的概念随之被提出。这种离散多态系统的抽象，很大程度上扩展了可靠性研究范围。然而，还有很多系统具有连续多态性，例如网络的流量、连续控制系统的输出等。这一类系统仅仅靠现有的可靠性理论难以全面刻画系统的整体特性。

系统弹性，关注系统对扰动的承受和恢复能力，其度量的基础是系统性能在扰动前后的变化，尤其适用于连续多态系统。因此从最初接触"弹性"这一概念开始，我们就认为它是系统可靠性概念在性能维度上的延展。我们的兴趣油然而生：系统弹性有什么表现规律？系统弹性由何而来？如何从解析、仿真、试验的角度实现对系统的弹性评估？等等。在这些问题的牵引下，我们从2013年起开始开展系统弹性的研究工作，在国家自然科学基金项目和企业合作项目支持下取得了一些成果。

本书聚焦复杂系统的弹性建模与评估方法，第1章总结评述了关于系统弹性研究的大量已有成果；第2~3章论述了系统弹性模型，包括基于性能函数的系统弹性模型、基于聚合随机过程的多态系统弹性建模；第4~7章论述了系统弹性分析与评估方法，包括面向弹性的部件重要性分析、基于蒙特卡罗的系统弹性评估、扰动识别与系统弹性测评、复杂网络系统弹性规律研究。本书的主要内容来源于国家自然科学基金项目61773044"弹性建模与分析：从部件到系统"和71601010"基于聚合随机过程的多状态可修系统弹性建模与分析"的研究成果。

本书第1~2章、第5~7章由李瑞莹副教授撰写，第3章由杜时佳博士撰写，第4章由康锐教授撰写，全书由康锐教授策划和统稿。靳崇、张龚博、董强、马文停等同学为本书的编写提供了帮助。虽然作者在本书撰写过程中尽了最大的努力，但是由于水平有限，不妥之处在所难免，敬请读者不吝指正。

著　者

目录

66 第4章 面向弹性的部件重要性分析

84 第5章 基于蒙特卡罗的系统弹性评估

第1章

概述

"弹性（resilience）"一词源自拉丁文"resiliere"，意为回弹。该词最早由生态学家 Holling 引入生态学领域，用于"衡量系统可持续性、吸收变化和扰动后维持种群关系的能力"，之后这一概念逐渐扩展到心理学、组织管理、工程系统等领域，广泛用于评价个体、集体或系统承受扰动以及扰动后的恢复能力。通常，系统可能遭受的扰动可分为两类：①源于自然灾害、人为攻击的外部扰动（external disruption）；②源于内部故障的系统性扰动（systemic disruption）。显然，系统受扰动后产生的功能中断或性能下降，若不能得到及时有效的恢复，则可能产生相当大的损失。

自然灾害、流行病、恐怖袭击、设备故障和人为失误都可能对组织/系统的连续运行造成潜在的、严重的威胁，这些极端自然事件和技术事故之后伴随的灾害和危机的发生，都显示出传统风险评估和管理的局限性，在风险的背景下，弹性已被作为常规风险管理的补充和替代方案进行了讨论。为了应对如此多的大规模意外事件，弹性分析成为大型复杂基础设施系统的最佳决策，同时也可作为对于复杂系统自适应管理具有重要意义的风险管理分析的补充。

各国政府现已开始广泛重视"弹性"研究，并在电力系统、给水网络、通信网络和交通网络等复杂工程系统中开展了研究与应用。

1.1 弹性的概念与内涵

目前为止还没有形成统一的弹性定义，我们针对电力系统、通信网络、交通网络等典型工程系统对象检索了高被引和综述性文献，将其中关于弹性的定义和特性记录在表 1.1 之中。

表 1.1　弹性在不同系统对象中的定义与特性

对象	定　义	主要特性	文献来源
工程系统	系统弹性是系统被动生存率（可靠性）和主动生存率（恢复）的总和	• 可靠性 • 恢复	Youn 等（2011）[1]
	弹性是系统在面临错误或挑战时保持可接受运行的能力	不中断服务的能力	Madni 和 Jackson（2009）[2]
基础设施系统	基础设施的弹性是降低破坏性事件的量级和/或持续时间。一个弹性系统的效能取决于其预测、吸收、适应以及快速恢复自一个潜在破坏性事件的能力	• 预测能力 • 吸收能力 • 适应能力 • 快速恢复能力	Berkeley 和 Wallace（2010）[3]（政府报告）

续表

对象	定　义	主要特性	文献来源
电力系统	弹性指电力系统能抵御破坏,并能于事后快速恢复的能力	• 抵御 • 快速恢复	Coaffee(2008)[4]
	弹性指电力系统对于扰动事件的反应能力	• 事前准备与预防 • 过程中抵御、吸收、响应以及适应 • 事后快速恢复	别朝红等(2015)[5]
	系统弹性是在意外的干扰下系统降低其影响的量级和持续时间的能力。电力信息物理系统弹性是在给定的负载优化方案下系统能为用户提供持续电流的能力	• 降低影响的能力 • 持续供电能力	Arghandeh 等(2016)[6]
通信网络	弹性指在面临故障和挑战的时候网络可以提供并保持可接受的服务	• 防御 • 发现 • 补救 • 恢复	Sterbenz 等(2010)[7]
	弹性指在受到攻击、大规模灾难和其他故障时,网络能够提供可接受的服务	• 防御 • 检测 • 补救 • 恢复	Sterbenz 等(2013)[8]
交通网络	弹性指对给定的网络配置,可以在规定的恢复成本(预算、时间和物理)内满足灾后预期的需求	• 冗余 • 适应(如恢复活动)	Chen 和 Miller-Hooks (2012)[9]
	弹性指扰动或灾难发生后能维持运行或快速恢复	• 鲁棒性 • 快速性(恢复)	Mattsson 和 Jenelius (2015)[10]
工业过程系统	弹性指意外情况发生时,能最大限度地减少损失并使操作恢复正常	• 防御 • 恢复	Dinh 等(2012)[11]
供应链	弹性指系统受到扰动后返回原始状态或达到新的更理想状态的能力	• 可设计 • 跨公司合作 • 敏捷(快速响应) • 增强	Christopher 和 Peck (2004)[12]
	弹性指从中断反弹的能力	• 响应 • 恢复	Sheffi 和 Rice(2005)[13]
	弹性指供应链为突发事件做好准备,中断后响应以及恢复到能在结构和功能上提供可持续的连接的能力	• 完好性 • 响应 • 恢复	Ponomarov 和 Holcomb(2009)[14]
	弹性指反应、应对、适应或抵御突发事件的能力	• 完好性 • 响应 • 恢复 • 增长	Hohenstein 等(2015)[15]

从表 1.1 中可知，虽然"弹性"的定义没有统一，但大都是相似的，都关注于系统对扰动的承受和恢复能力[16,17]，其关键属性可以概括为预测、抵抗、吸收、适应、恢复几个方面。图 1.1 概括了系统的弹性行为：系统在 t_0 时刻受到扰动，由此产生性能降级，之后通过恢复措施，使其性能逐渐恢复到原始状态或新的稳定状态。系统对扰动的预测、抵抗、吸收、适应和恢复能力，决定了性能降级和恢复过程。

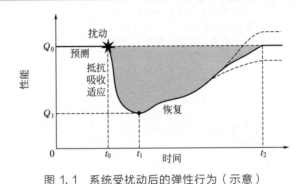

图 1.1 系统受扰动后的弹性行为（示意）

1.2 弹性的度量

在对工程系统进行弹性设计时，设计人员必须能够定量评估不同设计方案的弹性水平，以便做出最佳的设计决策。因此，弹性度量是弹性工程实践的基础环节，其在定义工程系统弹性以及在工程设计中进一步应用弹性概念方面起着重要作用。尽管人们已经在不同的工程学科开展了弹性度量的探索研究，但由于弹性应用的多样化，目前的弹性度量方法并没有标准化。因此，弹性度量研究仍是一个具有挑战性的问题。从弹性的定义出发，目前已有的系统弹性度量通常围绕系统性能降级程度与快速恢复性展开，一般可分为确定型度量和概率型度量两类[18]。

1.2.1 确定型度量

确定型弹性度量来源于美国多学科地震工程研究中心（multidisciplinary center for earthquake engineering research，MCEER）对城市基础

设施遭受地震灾害的弹性研究[19]，后来又应用到了通信、电力等其他领域，可以说是研究应用最多、影响最为广泛的弹性度量。下面分别简述各个度量方法❶。

（1）弹性损失

"弹性损失（resilience loss）"这一指标是 MCEER 研究组的 Bruneau 等在文献［19］中提出的，其定义了一个归一化的系统性能曲线 $Q(t)[0\leqslant Q(t)\leqslant100\%]$，并用性能损失函数的积分表达系统弹性损失（图 1.2）：

$$\mathbb{R}_{B} =\int_{t_0}^{t_1}[1-Q(t)]\mathrm{d}t \tag{1.1}$$

式中，t_0 为扰动发生时刻；t_1 为系统性能完全恢复时刻。

（2）基于性能积分的弹性

随后，Cimellaro 等（2010）[20] 在"弹性损失"的基础上，提出了采用系统受扰动后其性能函数在整个恢复过程中的积分这一弹性度量方法（图 1.2）：

$$\mathbb{R}_{C} =\int_{t_0}^{t_1}Q(t)\mathrm{d}t \tag{1.2}$$

与"弹性损失"相比，基于性能积分的弹性度量实际计算了扰动发生后到完全恢复前的"残余性能"。

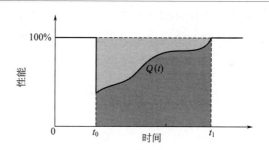

图 1.2　弹性损失与基于性能积分的弹性度量

（3）基于性能积分比的弹性

Reed 等（2009）[21] 又在性能曲线 $Q(t)$ 的基础上，提出将性能函数的积分与恢复时间之比定义为系统弹性，即系统受扰动后性能函数下的面积所占系统未受扰动时性能函数下全部面积的比例（图 1.3）：

---

❶ 本书将所有弹性表达符号统一为 $\mathbb{R}$。

$$\mathbb{R}_R = \frac{\int_{t_s}^{t_e} Q(t)\,dt}{t_e - t_s} \tag{1.3}$$

式中，t_s 和 t_e 为任意两个时间点。Reed 等（2009）[21] 给出的这一弹性度量实际就是 $t_s \sim t_e$ 时间范围内的平均残余性能。

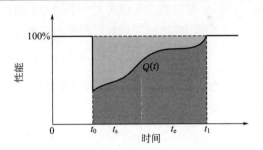

图 1.3　基于性能积分比的弹性度量

（4）基于预测三角的弹性

考虑到不同系统的恢复时间不同，上述弹性度量很难对不同时间尺度下的系统弹性进行比较，同时为了减少对性能指标实时监测的依赖以便对系统弹性进行预测，Zobel（2011）[22] 提出了基于几何关系的简化算法，其采用一个长时间区间 T_u（性能函数的恢复时间绝对上限），记性能函数在恢复时间绝对上限（T_u）时间内的梯形面积与 T_u 之比为弹性预测值，即（图 1.4）：

$$\mathbb{R}_Z = \frac{T_u \dfrac{Q_1 T}{2}}{T_u} \tag{1.4}$$

式中，T_u 为一个长时间段；Q_1 为预测的系统性能降级；T 为预测的恢复时长。该度量假设系统在扰动开始时刻 t_0 性能就会降低到最低点，且性能开始以恒定速度恢复，无论如何系统的恢复时间不会超过 T_u。Zobel（2011）[22] 给出的这一弹性度量实际就是对扰动发生后 T_u 内的平均残余性能进行度量。通过假设长时间区间 T_u，任意两个系统的弹性基准一致，这使得不同的弹性计算结果有了比较基础。针对连续扰动事件，Zobel 等（2014）[23] 又对该算法进行了扩展。

（5）基于 $0 \sim T$ 时间内性能积分比的弹性

Ouyang 等（2012 和 2015）[24,25] 也考虑到时间尺度的一致性问题，并对 MCEER 提出的弹性度量进行了改进，其将度量的时间区间从扰动

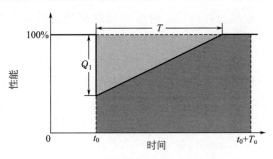

图 1.4　基于预测三角的弹性度量

发生到性能恢复扩展到 0～T 这样一个较长的时间范围（如 1 年），即（图 1.5）：

$$\mathbb{R}_{Ou} = \frac{\int_0^T P(t)\mathrm{d}t}{\int_0^T TP(t)\mathrm{d}t} \tag{1.5}$$

式中，T 为度量的时间段，如 1 年；$P(t)$ 为实际性能参数随时间 t 的变化情况；$TP(t)$ 为理想中性能参数的变化情况。这里记录的是从 0 到 T 这样一个较长的时间范围内，系统实际性能 $P(t)$ 随时间的积分与系统目标性能 $TP(t)$ 随时间的积分之比。与前述弹性度量相比，这一弹性度量不仅包括了扰动后的行为，还包括了扰动前的行为，同时还受到扰动发生频率的影响，实际是系统可用性在性能维度的延伸。

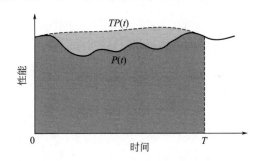

图 1.5　基于 0～T 时间内性能积分比的弹性度量

（6）基于时间函数的动态弹性

前述基于性能积分的系统弹性简洁地反映了系统受扰动后的平均性能水平，但却不能反映出系统受扰动后性能随时间的动态变化情况。为此，Ramirez-Marquez 等（2012 和 2013）[26,27] 提出采用时间函数表征系统弹性，定义为扰动后 t 时刻系统性能恢复的部分与系统初始时因扰动损失部分的比例，即（图 1.6）：

$$\mathbb{R}_{\mathrm{RM}}(t)=恢复程度(t)/损失程度 \tag{1.6}$$

该参数体现了弹性的动态特性，但只关注了系统恢复这一个维度的信息。Ramirez-Marquez 等（2012 和 2013）[26,27] 将系统受扰动后的状态分为两个阶段，第一阶段系统在 t_0 时刻遭受扰动，导致性能下降到 t_d 时刻结束（t_d 时刻的性能降级最为严重），并持续到 t_r；第二阶段系统在 t_r 时刻开始恢复，直到 t_f 时刻恢复完成。因此，上式也可以写成：

$$\mathbb{R}_{\mathrm{RM}}(t)=\frac{Q(t)-Q(t_d)}{Q(t_0)-Q(t_d)} \tag{1.7}$$

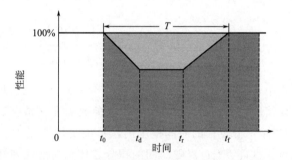

图 1.6　基于时间函数的弹性度量

（7）基于扰动前后性能比的弹性

Chen 和 Miller-Hooks（2012）[9] 提出了基于扰动前后性能比值的弹性指标来度量交通网的弹性：

$$\mathbb{R}_{\mathrm{CM}}=E\left(\frac{\sum\limits_{w \in W} d_w}{\sum\limits_{w \in W} D_w}\right)=\frac{1}{\sum\limits_{w \in W} D_w}E\left(\sum\limits_{w \in W} d_w\right) \tag{1.8}$$

式中，d_w 为交通网络中给定 OD 端对（其中"O"来源于英文 origin，指出行的出发地点；"D"来源于英文 destination，指出行的目的地）w 故障后能满足的最大交通需求量；D_w 为给定 OD 端对 w 故障前能满足的交通需求量；W 为该交通网络 OD 端对集合。

类似地，Omer 等（2009）[28] 用网络拓扑模型为电信网络系统建模，该文中定义弹性为受到干扰后网络的数据发送量与干扰前数据发送量之比：

$$\mathbb{R}_O = \frac{V - V_{\text{loss}}}{V} \tag{1.9}$$

式中，V 为网络数据发送量的初始值；V_{loss} 为网络数据发送量的损失值。这一弹性指标与 Chen 和 Miller-Hooks（2012）[9] 的指标相似，都是用受干扰后的性能水平与正常性能水平之比表示弹性。

1.2.2　概率型度量

由于系统所经受的扰动、产生的性能降级和恢复时间都具有随机性，用于描述单次扰动下系统弹性能力的确定型弹性度量本身具有随机性，因此研究人员又提出了概率型度量。

（1）基于性能降级和恢复时间阈值的弹性

MCEER 研究组在引入弹性三角的文献 ［19］ 中就已经提到了对一组地震场景下基础设施的性能降级和恢复时间进行评估，根据这两个参数是否能满足对应的阈值来对弹性进行概率评估，并称之为弹性可靠度（resilience reliability）。Chang 和 Shinozuka（2004）[29] 进一步明确给出了这一度量表达，将弹性定义为系统受扰动后性能损失和恢复时间均不超过给定的最大性能损耗和恢复时间的概率，对给定扰动的弹性可度量如下：

$$\mathbb{R}_{CS}(Q_1^*, T^*) = \Pr(A \mid i) = \Pr(Q_1 < Q^* \text{ 且 } T < T^* \mid i) \tag{1.10}$$

式中，A 为预定义的性能标准（即系统受扰动后性能损失和恢复时间均不超过给定的最大性能损耗和恢复时间）；i 为当前扰动；Q_1 和 Q^* 分别为实际的最大性能损耗和规定的最大性能损耗；T 和 T^* 分别为实际的系统性能恢复时间和规定的最大恢复时间（图 1.7）。同时还给出了随机扰动下的系统弹性度量：

$$\mathbb{R}_{CS} = \sum_i \Pr(A \mid i) \Pr(i) \tag{1.11}$$

式中，$\Pr(i)$ 为扰动事件 i 的发生概率。此后，MCEER 研究组（2007）[30] 又提出需要明确给定百分比的系统在给定时间内恢复到给定性能要求的概率，这较之前的弹性度量增加了恢复系统比例要求阈值，但没有进一步给出表达式。

（2）基于安全域的弹性

类似地，Li 和 Lence（2007）[31] 根据系统性能能否满足阈值要求定义了故障域和安全域，如图 1.8 所示。图 1.8 中，g 为性能参数，当 $g <$

0 时认为系统处于故障域；$g \geqslant 0$ 时认为系统处于安全域。Li 和 Lence 把弹性定义为在 t_0 时刻故障并在 t_1 时刻恢复的概率，即：

$$\mathbb{R}_L(t_0,t_1) = \Pr[g(t_1) \geqslant 0 \,|\, g(t_0) < 0] \tag{1.12}$$

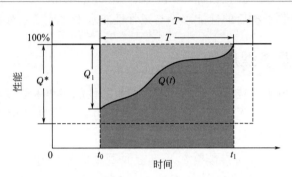

图 1.7　基于性能降级和恢复时间阈值的弹性度量

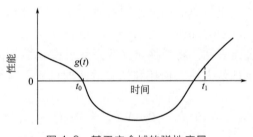

图 1.8　基于安全域的弹性度量

这一度量实际只考虑了恢复时间能否满足要求。

（3）弹性期望

基于阈值要求的弹性概率度量只能反映性能降级、恢复时间点值对系统弹性的影响，忽略了整个系统恢复过程中系统性能随时间的变化情况。为此，MCEER 研究组（2010）[20] 给出了考虑 6 种不确定因素条件（扰动强度、系统响应、性能阈值、性能度量、性能损失、恢复时间）下的系统弹性期望表达式：

$$E(\mathbb{R}_C) = \sum_T^{N_T} \sum_{Q_1}^{N_{Q_1}} \sum_{PM}^{N_{PM}} \sum_R^{N_R} \sum_I^{N_I^*} \mathbb{R}_{Ci} P(T\,|\,Q_1) P(Q_1\,|\,PM)$$

$$P(PM\,|\,R) P(R\,|\,I) P(I_{T_{LC}} > I^*) \Delta I \Delta R \Delta PM \Delta Q_1 \Delta T \tag{1.13}$$

式中，$\mathbb{R}_C = \int_{t_0}^{t_1} Q(t)\mathrm{d}t$，是给定扰动下系统从扰动时刻 t_0 开始到恢

复时刻 t_1 的残余性能积分；该式中包括了 6 个不确定性来源：①扰动强度 I；②响应参数 R；③性能阈值 $r_{\lim}$ ［隐含在 $P(PM\mid R)$ 中］；④性能度量 PM；⑤性能损失 Q_1；⑥恢复时间 T。上式中的条件概率 $P(I_{T_{LC}} > I^*)$ 度量的是在系统控制时间 T_{LC} 内扰动强度超过阈值 I^* 的概率；$P(R\mid I)$ 反映了结构分析的不确定性和模型不确定性，$P(PM\mid R)$ 反映了性能极限状态评估的不确定性；$P(Q_1\mid PM)$ 反映了性能损失评估的不确定性；$P(T\mid Q_1)$ 反映了恢复时间的不确定性。

（4）年度弹性期望

类似地，Ouyang 等（2012 和 2015）[24,25] 也将其提出的"基于 $0\sim T$ 时间内性能积分比的系统弹性"进行了概率化，给出了一年时间内系统弹性 $\mathbb{R}_{Ou}$ 的期望：

$$E(\mathbb{R}_{Ou}) = E\left[\frac{\int_0^T P(t)\,dt}{\int_0^T TP(t)\,dt}\right] \tag{1.14}$$

这类弹性度量建立起了概率型度量和确定型度量之间的联系，但尚未见这类度量的概率分布形式的研究，仅有期望表达式。

1.3 弹性建模与分析

弹性建模和分析的主要目的是对系统从扰动发生到完全恢复的整个性能变化过程进行表征，反映大量对系统性能造成影响的变量间的相互关系，模拟和了解系统弹性行为。

1.3.1 弹性模型

目前，弹性模型包含两类：一是研究系统弹性与其他要素（如可靠性、鲁棒性、脆弱性、恢复时间等）之间的关系；二是研究部件与系统弹性之间的关系。其中，前者的研究如：有些专家利用贝叶斯网络并基于系统弹性、可靠性和恢复时间的关系对工程系统进行弹性建模，贝叶斯网络通过对网络中因果关系的表示将系统变量彼此相关联，从而给出更加透明的推理逻辑，根据该模型方法可对不同干扰事件下的不同场景进行调查从而发现导致弹性差的根本原因。后者的研究如：Nogal 等（2016）[32]、Cardoso 等（2014）[33]、Khaled 等（2015）[34]、Adjetey-

Bahun 等（2016）[35] 都从不同的角度分析了系统中部件的重要度，并说明了对重要度高的部件进行保护，可以更有效地提高系统弹性，但上述模型没有建立部件到系统的弹性解析模型。在现存的弹性建模研究中，只有少数研究考虑了部件弹性如何影响系统的弹性。例如：Li 和 Zhao（2010）[36] 利用具有自适应和自恢复能力的供应链部件间一系列的相互关系，发展了供应链弹性评估模型；Reed 等（2009）[21] 发现基础设施系统的弹性是其子系统弹性的函数，即 $\mathbb{R}_S = g(\mathbb{R}_1, \mathbb{R}_2, \cdots, \mathbb{R}_n)$，但没有讨论具体的公式；Filippini 和 Silva（2014）[37] 将弹性定义为系统中活动节点的数量，通过将所有部件的状态相加来计算系统弹性，由此建立了部件状态与系统弹性之间的函数关系。然而，此函数表达的不是部件弹性与系统弹性的关系，其反映的系统性能函数仅为加和关系，当系统性能函数发生变化时，此关系式也不再适用。另外，Diao 等（2016）[38] 设计了一个全局弹性分析（GRA）框架，通过识别系统的故障模式、确定合适的故障情况、在增加的应力幅值下模拟故障模式的方法来评估工程系统的整体弹性。这里给出了一个自底向上的弹性评估方法，但也没有建立起部件弹性与系统弹性的关系。

总的来说，目前弹性研究尚处于起步阶段，弹性模型的研究尚不多见。

1.3.2　弹性分析

系统弹性分析可以分为三类：一类是基于经验总结的定性分析，通过对影响弹性的诸多因素，包括设计裕度、冗余、拓扑等进行综合分析，建立弹性评价的概念框架，给出类似弹性指数的评价结果；一类是基于主观数据和数学模型的半定量方法，其在分析弹性影响因素后，通过问卷调研、打分等主观方式给出各因素的评分，建立模糊数学模型对弹性进行综合评价；最后一类是定量方法，首先建立系统的结构模型和弹性指标计算的数学模型，然后基于实际事件的数据或仿真方法得到的数据对弹性指标进行定量计算。

1.3.2.1　定性分析

弹性定性分析方法的思路一般是分析影响系统弹性的因素，在此基础上建立评价框架，实现定性评价。典型的如：Cutter 等（2008）[39] 给出了系统弹性的 36 个影响要素，通过专家评分法对各个要素进行量化，以描述系统的弹性行为。桑迪亚国家实验室（2011）[40] 在美国国土安全部科学和技术局的指导下设计了一个全面的弹性评价框架（包括定性和定量分析方法），用于评价基础设施和经济体系的弹性。其中定性分析中，通过使用吸收能力、适应能力和恢复能力三种基本的系统能力来分析系统弹性，为潜在改进提供见解和指导。Pettit 等（2013）[41] 针对供应链研究了影响其弹性的两个关键的驱动因素：①供应链脆弱性等级；②供应链承受且从危机中恢复的能力。Pettit 等提出了 152 个问题来度量供应链的脆弱性和承受恢复的能力，然后将影响因素分为影响脆弱性的 7 个方面和影响承受恢复能力的 14 个方面，由决策者确定每一个因素的重要性，进而进行弹性综合度量。Vlacheas 等（2013）[42] 认为端对端网络会受到安全、可信性、灾难、交互冲突、拦截、变化、攻击等方面的威胁，系统可以通过故障管理、风险管理、合作、控制、认知和自我管理、信任管理、完整性管理和安全保密性等方面实现系统弹性目标。此外，西安交通大学的邱爱慈院士与别朝红教授的团队也以弹性电网为应用背景，定性地讨论了提升电力系统弹性的措施。

1.3.2.2 半定量方法

弹性的半定量评价方法是指通过定性评价获取源数据，继而使用数学模型定量计算。典型的如：Muller（2012）[43] 针对相互连接的关键基础设施系统，采用模糊规则评价整个系统的弹性。文献以冗余和适应性作为影响基础设施弹性的因素，将冗余和适应性的评分值作为输入，弹性作为输出，比较两种不同系统结构的弹性。但是文中的评价过程过于简化，没有解释冗余和适应性的值与系统结构的相关性。Azadeh 等（2014）[44] 针对石油化工厂用数据包络分析法（data envelopment analysis，DEA）计算其系统弹性，当生产过程中包含多个输入和输出时，用线性规划计算多重决策单元的效率。Azadeh 等首先引入了 10 个表征弹性的指标，即管理协调、报告、学习、意识、准备、灵活性、自组织、团队合作、冗余和容错，然后通过问卷的方式获取各单项指标的分数，再用 DEA 对这些指标进行综合。此外，Azadeh 等（2014）[45] 还用模糊认知图（fuzzy cognitive map，FCM）评价石油化工厂的弹性。其中，FCM 用于表示因素之间的相互作用关系，综合评价采用加权的方式计算，通过与问卷结果相结合，可以增加各因素权重的准确性。

1.3.2.3 定量方法

弹性的定量评价方法通常是先获取实际数据或仿真数据，再使用数学模型计算。下面分别从数据来源和分析方法上进行阐述。

（1）数据来源

弹性分析的数据来源可以分为两类：一类是已发生扰动的实证数据；另一类是基于扰动的统计模型。

① 实证数据　由于实证数据有限，目前主要的、基于实证数据的弹性研究大都围绕 2005 年美国 Katrina 飓风和 2001 年美国世贸大厦"9·11"恐怖袭击展开。典型的如 Reed 等（2009）[21] 获得了路易斯安那等 4个州在 Katrina 飓风后一个半月时间内受停电影响的用户数，并从 Bell-South 获得了飓风登陆后 20 天的通信系统质量数据，通过数据拟合建立了飓风扰动后表征电力系统和通信系统弹性的性能函数，分析说明了该扰动下两类系统弹性存在强相关性；也有专家根据"9·11"事件中电力系统的行为日志和访谈记录，得到了事件后半个月时间内的发电机恢复数量以及用电量的恢复情况，通过电力系统弹性行为分析，总结了各类措施的有效性。

基于实证数据的弹性分析是针对已发生扰动的系统弹性行为的"事后"分析，因此，这一研究是针对已发生扰动下系统弹性行为开展的，采用的度量方法是确定型弹性度量。

② 统计模型　弹性研究的是"扰动"引发的系统行为。显然不同扰动类型、不同扰动强度、不同扰动作用点下，系统所反映出来的弹性行为是不同的。因此，前人围绕不同扰动进行了弹性行为的概率建模，例如，西安交通大学别朝红教授等（2015）[5] 将电力网络的扰动事件总结为气候灾害、地震灾害、信息安全、物理安全、人为因素、内部原因等几个方面。具体地，针对电力系统可能遭受的不同扰动，Zarakas 等（2014）[46] 建立了基于风速大小和风暴等级的电力设施影响模型；Bruneau 等（2003）[19]、Poljanšek 等（2012）[47] 研究了地震的发生及其对电力设备的影响；张恒旭等（2011）[48]、侯慧等（2014）[49] 通过覆冰增长模型、冰灾后果建模等说明了冰雪灾害对电力系统的影响；Zhu 等（2014）[50] 对各类人为事件特别是恐怖袭击对电力系统破坏方面进行了深入的探讨和分析。又如，针对交通系统可能遭受的扰动，Ramirez-Marquez 等（2012）[26] 在对 Seervada 公园交通网络的弹性分析中，考虑了岩石滑坡和洪水两个典型扰动。针对城市基础设施系统，华中科技大学 Ouyang 等（2015）[25] 采用泊松过程对飓风和随机故障两种扰动类型进行了建模等。

基于统计模型的弹性分析是对系统未来可能发生扰动带来的弹性行为的"预测"，这一研究中对具体扰动的影响分析主要是针对自然灾害类扰动展开的。

（2）分析方法

① 解析方法　1.2.1 节中源于实证数据的确定型弹性分析，都是通过解析的方式进行的。此外，采用解析方法的弹性研究还包括如：Li 和 Lence（2007）[31] 提出了用向量自回归移动平均法（VARMA）和一阶可靠性法（FORM）对系统满足恢复时间阈值的概率进行分析。Attoh-Okine 等（2009）[51] 提出采用信任函数的方法解决弹性评估中的不确定性，对城市基础设施系统基于恢复时间的弹性进行分析。Cimellaro 等（2010）[20] 总结了三类典型的系统性能恢复函数（即线性函数、指数函数、三角函数），构建了系统性能的非线性微分方程和系统响应脆性函数，通过分析比较了孟菲斯地震后不同恢复策略下医院系统的弹性直方图和弹性期望。Nogal 等（2016）[32] 针对交通网络动态特性提出了一种考虑交通成本和行人压力等级的动态均衡限制分配模型，从而对网络弹性进行评估，实现对不同系统的比较，衡量损坏程度，以及发现交通网中的薄弱点。Cardoso 等（2014）[33] 提出了一种混合的线性模型来设计正向和闭环供应链。该模型考虑了两种情形：干扰确定发生；干扰发生与概率有关。设计弹性网络的模型中考虑了六个指标，包括流量和节点复杂度、节点密度和重要性、客户服务水平和投资。Khaled 等（2015）[34] 提出了一种用于评估铁路基础设施组成部件重要性的数学模型，其通过对部件中断时增加的延迟来评估部件的重要性，对关键部件进行优先保护或增加必要的冗余，从而提高铁路网弹性。

总的来说，目前基于解析方法的弹性分析可分为两类：一类是基于实证数据、弹性度量模型的统计分析；另一类是在对扰动、性能降级以及恢复时间的概率建模基础上对系统弹性的分析计算。

② 仿真分析　由于弹性分析所需的实证数据难以获取，以及解析建模的复杂性，很多弹性分析都是通过仿真展开的。例如，Chang 和 Shinozuka（2004）[29] 指出弹性与技术、组织、社会、经济四个维度有关，通过对孟菲斯地震后水资源系统进行 200 次蒙特卡罗仿真模拟里氏 6.5 级和里氏 7.0 级的地震扰动及其带来的损坏（包括供水中断、水流量与经济损失）和恢复过程，根据地震后可用泵站数量、失去供水人数、经济损失三项指标，对地震扰动下水资源系统性能降级和恢复时间阈值满足要求的概率进行了度量。Sterbenz 等（2010）[7] 定义互联网弹性为网络遭受大规模灾难时提供所需服务水平的能力，并提出了一种综合拓扑生成和弹性仿真的方法来分析并提高互联网的弹性。Ramirez-Marquez 等（2012）[26] 在路网中针对最短路径、最大流、路网健康程度（能用路段的长度与总路段长度之比）三类性能，分析了岩石滑坡和洪水两类给定

扰动下的路网弹性行为，并对比分析了两种恢复策略下的路网恢复过程。Spiegler 等（2012）[52] 提出一种针对供应链的弹性动态仿真方法，其认为准备工作、响应能力和恢复能力是弹性的关键要素，采用时间乘以绝对误差积分（integrated time absolute error，ITAE）作弹性的度量基础，仿真模型尝试获得对应于最佳响应和恢复的 ITAE 最小值，代表与目标的偏差最小。Carvalho 等（2012）[53] 应用离散事件仿真来评估供应链网络弹性，其通过保留额外的库存来抵御扰动，作者使用该仿真模型对 6 个不同的场景进行了研究。华中科技大学 Ouyang 等（2012）[24] 提出了多阶段弹性分析方法，并为每个阶段提供了弹性改进策略，以 Harris County 电力系统为例采用泊松过程对飓风和随机故障两种扰动类型建模，通过 500 次仿真对 6 种弹性提高方式的弹性期望进行了对比分析，又在文献［25］中通过 200～1000 次仿真详细讨论了 5 种不同恢复策略对飓风后 Harris County 相互作用的电力系统和燃气系统的弹性影响。美国能源部 2015 年对能源网络系统提出了弹性分析框架，通过定义系统弹性目标、定义扰动事件、建模评估扰动程度和后果来实现对能源网络的弹性分析，在电力系统可能遭受的飓风、地震、恐怖袭击三类扰动中，仿真分析了 100 次飓风扰动下的系统弹性行为，得到了基于经济损失的系统弹性直方图，此外还对新马德里地区地震后重新修建输油管道的恢复行为进行了 30 次仿真分析，计算了基于燃油费用的系统弹性直方图。上述研究是以系统为整体，讨论面向系统的扰动（大多数研究某种给定扰动）可能对系统带来的性能降级和恢复行为。Adjetey-Bahun 等（2016）[35] 提出一个基于仿真的模型来量化铁路运输系统弹性，模型将乘客延误和流量作为系统的关键性能指标，仿真考察一系列导致行驶时间增加和列车运力降低的破坏事件下系统的弹性行为。该模型模拟了铁路运行系统的操作环境，同时集成了组成该系统的所有子系统（车站、轨道、列车和乘客及他们间的交互，电力系统及对其他子系统的相互作用，通信和组织系统）以及各子系统间的相互依赖关系。

考虑到对部件的扰动也可能对系统产生影响，也有个别研究在这个方面进行了讨论，如 Barker 等（2013）[27] 定义了两种部件重要性指标，采用 1000 次离散事件仿真对服从均匀分布的部件恢复时间进行了模拟，实现了以最大流（运输量）为性能参数的网络部件弹性重要性分析，但其部件只有完全损毁和正常（完全恢复）两种状态；Shafieezadeh 和 Burden（2014）[54] 将系统弹性评估分解为扰动事件严重程度、部件维修需求、动态使用模型、随机服务需求、系统恢复计划等几个部分，通过 1000 次仿真实现了对两个给定地震扰动下的基于可用起重机数量和泊位长度的港口概率型弹性分析，这一研究也考虑了组成系统的部件性能，但对部件仅考虑了正常和故障两种状态。对网络对象，也有研究者也从拓扑结构、动力学、故障机理三个角度，通过组件在攻击过程中的损失大小[55,56]或渗透阈值[57,58]反映网络在节点或链路故障之后保持功能的能力，典型的研究如Majdandzic等（2016）[59]对考虑节点恢复行为的网络弹性研究，其用平均场理论近似建立了解析统计模型，并用仿真进行了近似，该研究以最小连通子图为性能特征进行网络弹性行为分析，对节点的状态建模采用的是二态性模型。上述研究讨论了部件遭遇扰动可能导致的系统弹性行为，对部件状态的描述大都假设部件要么正常要么损毁（呈二态性）。

参考文献

[1] Youn B D, Hu C, Wang P, et al. Resilience-driven system design of complex engineered systems[J]. Journal of Mechanical Design, 2011, 133（10）: 101011.

[2] Madni A M, Jackson S. Towards a conceptual framework for resilience engineering [J] . IEEE Systems Journal, 2009, 3（2）: 181-191.

[3] Berkeley A R, Wallace M. A framework for establishing critical infrastructure resilience goals[J]. Final Report and Recommendations by the Council; National Infrastructure Advisory Council: Washington, DC, USA, 2010.

[4] Coaffee J. Risk, resilience, and environmentally sustainable cities[J]. Energy Policy, 2008, 36（12）: 4633-4638.

[5] 别朝红, 林雁翎, 邱爱慈. 弹性电网及其恢复力的基本概念与研究展望[J]. 电力系统自动化, 2015, 39（22）: 1-9.

[6] Arghandeh R, von Meier A, Mehrmanesh L, et al. On the definition of cyber-physical resilience in power systems[J]. Renewable and Sustainable Energy Reviews, 2016, 58: 1060-1069.

[7] Sterbenz J P G, Hutchison D, Çetinkaya E K, et al. Resilience and survivability in communication networks: Strategies, principles, and survey of disciplines [J]. Computer Networks, 2010, 54（8）: 1245-1265.

[8] Sterbenz J P G, Çetinkaya E K, Hameed M A, et al. Evaluation of network resilience, survivability, and disruption tolerance: analysis, topology generation, simulation, and experimentation[J]. Telecommunication systems, 2013, 52（2）: 705-736.

[9] Chen L, Miller-Hooks E. Resilience: an indicator of recovery capability in intermodal freight transport[J]. Transportation Science, 2012, 46（1）: 109-123.

[10] Mattsson L G, Jenelius E. Vulnerability and resilience of transport systems-a discussion of recent research [J]. Transportation Research Part A: Poli-

cy and Practice, 2015, 81: 16-34.

[11] Dinh L T T, Pasman H, Gao X, et al. Resilience engineering of industrial processes: principles and contributing factors[J]. Journal of Loss Prevention in the Process Industries, 2012, 25 (2): 233-241.

[12] Christopher M, Peck H. Building the resilient supply chain[J]. The International Journal of Logistics Management, 2004, 15(2): 1-13.

[13] Sheffi Y, Rice J B. A supply chain view of the resilient enterprise[J]. MIT Sloan Management Review, 2005, 47(1): 41-48.

[14] Ponomarov Y S, Holcomb M C. Understanding the concept of supply chain resilience[J]. The International Journal of Logistics Management, 2009, 20(1): 124-143.

[15] Hohenstein N O, Feisel E, Hartmann E, et al. Research on the phenomenon of supply chain resilience: a systematic review and paths for further investigation[J]. International Journal of Physical Distribution & Logistics Management, 2015, 45(1/2): 90-117.

[16] Righi A W, Saurin T A, Wachs P. A systematic literature review of resilience engineering: research areas and a research agenda proposal[J]. Reliability Engineering & System Safety, 2015, 141: 142-152.

[17] Hosseini S, Barker K, Ramirez-Marquez J E. A review of definitions and measures of system resilience[J]. Reliability Engineering & System Safety, 2016, 145: 47-61.

[18] Jin C, Li R, Kang R. Analysis and comparison of three measures for system resilience[C]. European Safety and Reliability Conference, Glasgow, UK, 2016.

[19] Bruneau M, Chang S E, Eguchi R T, et al. A framework to quantitatively assess and enhance the seismic resilience of communities[J]. Earthquake Spectra, 2003, 19(4): 733-752.

[20] Cimellaro G P, Reinhorn A M, Bruneau M. Seismic resilience of a hospital system [J]. Structure and Infrastructure Engineering, 2010, 6(1-2): 127-144.

[21] Reed D A, Kapur K C, Christie R D. Methodology for assessing the resilience of networked infrastructure[J]. IEEE Systems Journal, 2009, 3(2): 174-180.

[22] Zobel C W. Representing perceived tradeoffs in defining disaster resilience[J]. Decision Support Systems, 2011, 50(2): 394-403.

[23] Zobel C W, Khansa L. Characterizing multi-event disaster resilience[J]. Computers & Operations Research, 2014, 42: 83-94.

[24] Ouyang M, Dueñas-Osorio L, Min X. A three-stage resilience analysis framework for urban infrastructure systems[J]. Structural Safety, 2012, 36: 23-31.

[25] Ouyang M, Wang Z. Resilience assessment of interdependent infrastructure systems-with a focus on joint restoration modeling and analysis[J]. Reliability Engineering & System Safety, 2015, 141: 74-82.

[26] Henry D, Ramirez-Marquez J E. Generic metrics and quantitative approaches for system resilience as a function of time[J]. Reliability Engineering & System Safety, 2012, 99: 114-122.

[27] Barker K, Ramirez-Marquez J E, Rocco C M. Resilience-based network component importance measures[J]. Reliability Engineering & System Safe-

ty, 2013, 117: 89-97.

[28] Omer M, Nilchiani R, Mostashari A. Measuring the resilience of the trans-oceanic telecommunication cable system[J]. IEEE Systems Journal, 2009, 3 (3): 295-303.

[29] Chang S E, Shinozuka M. Measuring improvements in the disaster resilience of communities[J]. Earthquake Spectra, 2004, 20 (3): 739-755.

[30] Bruneau M, Reinhorn A. Exploring the Concept of Seismic Resilience for Acute Care Facilities [J] . Earthquake Spectra, 2007, 23 (1): 41-62.

[31] Li Y, Lence B J. Estimating resilience of water resources systems[J]. Water Resource Research, 2007, 43 (7): 1-11.

[32] Nogal M, O'Connor A, Caulfield B, et al. Resilience of traffic networks: from perturbation to recovery via a dynamic restricted equilibrium model[J]. Reliability Engineering & System Safety, 2016, 156: 84-96.

[33] Cardoso S R, Barbosa-Póvoas A P F D, Relvas S, et al. Resilience assessment of supply chains under different types of disruption[J]. Computer Aided Chemical Engineering, 2014, 34: 759-764.

[34] Khaled A A, Jin M, Clarke D B, et al. Train design and routing optimization for evaluating criticality of freight railroad infrastructures[J]. Transportation Research Part B: Methodological, 2015, 71: 71-84.

[35] Adjetey-Bahun K, Birregah B, Châtelet E, et al. A model to quantify the resilience of mass railway transportation systems[J]. Reliability Engineering & System Safety, 2016, 153: 1-14.

[36] Li Y, Zhao L. Analyzing deformation of supply chain resilient system based on

cell resilience model [M]//Life system modeling and intelligent computing. Berlin, Heidelberg: Springer, 2010: 26-35.

[37] Filippini R, Silva A. A modeling framework for the resilience analysis of networked systems-of-systems based on functional dependencies [J]. Reliability Engineering & System Safety, 2014, 125: 82-91.

[38] Diao K, Sweetapple C, Farmani R, et al. Global resilience analysis of water distribution systems [J]. Water Research, 2016, 106: 383-393.

[39] Cutter S L, Barnes L, Berry M, et al. A place-based model for understanding community resilience to natural disasters[J]. Global Environmental Change, 2008, 18 (4): 598-606.

[40] Vugrin E D, Warren D E, Ehlen M A. A resilience assessment framework for infrastructure and economic systems: quantitative and qualitative resilience analysis of petrochemical supply chains to a hurricane[J]. Process Safety Progress, 2011, 30 (3): 280-290.

[41] Pettit T J, Croxton K L, Fiksel J. Ensuring supply chain resilience: development and implementation of an assessment tool[J]. Journal of business logistics, 2013, 34 (1): 46-76.

[42] Vlacheas P, Stavroulaki V, Demestichas P, et al. Towards end-to-end network resilience[J]. International Journal of Critical Infrastructure Protection, 2013, 6 (3-4): 159-178.

[43] Muller G. Fuzzy architecture assessment for critical infrastructure resilience[J]. Procedia Computer Science, 2012, 12: 367-372.

[44] Azadeh A, Salehi V, Ashjari B, et al. Performance evaluation of integrated

resilience engineering factors by data envelopment analysis: The case of a petrochemical plant[J]. Process Safety and Environmental Protection, 2014, 92（3）: 231-241.

[45] Azadeh A, Salehi V, Arvan M, et al. Assessment of resilience engineering factors in high-risk environments by fuzzy cognitive maps: a petrochemical plant[J]. Safety Science, 2014, 68: 99-107.

[46] Zarakas W P, Sergici S, Bishop H, et al. Utility investments in resiliency: balancing benefits with cost in an uncertain environment [J]. The Electricity Journal, 2014, 27（5）: 31-41.

[47] Poljanšek K, Bono F, Gutiérrez E. Seismic risk assessment of interdependent critical infrastructure systems: the case of European gas and electricity networks [J]. Earthquake Engineering & Structural Dynamics, 2012, 41（1）: 61-79.

[48] 张恒旭, 刘玉田. 极端冰雪灾害对电力系统运行影响的综合评估[J]. 中国电机工程学报, 2011, 31（10）: 52-58.

[49] 侯慧, 李云晟, 杨小玲, 等. 冰雪灾害下的电力系统安全风险评估综述[J]. 武汉大学学报（工学版）, 2014, 47（3）: 414-419.

[50] Zhu Y, Yan J, Tang Y, et al. Resilience analysis of power grids under the sequential attack[J]. IEEE Transactions on Information Forensics and Security, 2014, 9（12）: 2340-2354.

[51] Attoh-Okine N O, Cooper A T, Mensah S A. Formulation of resilience index of urban infrastructure using belief functions[J]. IEEE Systems Journal, 2009, 3（2）: 147-153.

[52] Spiegler V L M, Naim M M, Wikner J. A control engineering approach to the assessment of supply chain resilience[J]. International Journal of Production Research, 2012, 50（21）: 6162-6187.

[53] Carvalho H, Barroso A P, Machado V H, et al. Supply chain redesign for resilience using simulation[J]. Computers & Industrial Engineering, 2012, 62（1）: 329-341.

[54] Shafieezadeh A, Burden L I. Scenario-based resilience assessment framework for critical infrastructure systems: case study for seismic resilience of seaports[J]. Reliability Engineering & System Safety, 2014, 132: 207-219.

[55] Schneider C M, Moreira A A, Andrade J S, et al. Mitigation of malicious attacks on networks[J]. Proceedings of the National Academy of Sciences, 2011, 108（10）: 3838-3841.

[56] Herrmann H J, Schneider C M, Moreira A A, et al. Onion-like network topology enhances robustness against malicious attacks[J]. Journal of Statistical Mechanics: Theory and Experiment, 2011, 2011（1）: P01027.

[57] Bunde A, Havlin S. Fractals and Disordered Systems [M]. Springer: New York, NY, USA, 2012.

[58] Gao J, Buldyrev S V, Stanley H E, et al. Networks formed from interdependent networks [J]. Nature physics, 2012, 8（1）: 40-48.

[59] Majdandzic A, Braunstein L A, Curme C, et al. Multiple tipping points and optimal repairing in interacting networks [J]. Nature communications, 2016, 7: 10850.

第2章

基于性能函数的
系统弹性模型

2.1　研究背景

系统可能遭受各种外部扰动和系统性扰动，为了应对如此多的大规模意外事件，弹性分析成为了大型复杂基础设施系统的最佳决策[1]，同时也可作为对于复杂系统适应管理具有重要意义的风险管理分析的补充[2]。弹性建模的主要目的是根据扰动发生后系统的整个性能变化，研究部件弹性行为对系统弹性行为的影响，也可作为系统弹性评估的依据。本书 1.3 节阐述了系统弹性模型和分析的研究现状，从中可以看出，目前的弹性建模分析几乎都是研究系统层面的扰动以及系统整体对扰动的响应/恢复过程，很少讨论部件和系统间弹性的相互联系和相互作用。然而，通过系统的组成和结构来研究系统，是认识、分析系统弹性的重要方法。

部件和结构定义了系统，系统性能函数 $\phi(P^n \rightarrow P)$ 反映了系统状态 P 与组成系统的 n 个部件状态矢量 $\boldsymbol{P}=[P_1, P_2, \cdots, P_n]$ 的关系，因此，基于性能的系统弹性由其部件弹性和系统性能函数共同决定。"自上而下"的系统分析和"自下而上"的系统综合是重要的系统方法论，为了解决现在缺少基于系统组成和结构的弹性模型的问题，本章以"最大流"这一性能指标为例针对串联、并联和网络三种典型的系统结构，通过研究系统性能函数以及仿真来建立系统弹性模型，并进行系统弹性分析[3]。"部件→系统"弹性模型的建立，一方面可用于自顶向下地将系统级的弹性指标和工作要求分解到子系统、部件；另一方面也可用于根据部件的弹性度量结果自底向上地实现对系统弹性的分析与评价。

2.2　问题描述

通常，扰动可能发生在系统的任一部件。部件一旦受到扰动就可能会产生一定程度的性能降级，这种性能损失甚至会传播到系统。显然，在部件受到相同扰动的情况下，不同结构的系统由于性能函数不同，可能会产生不同的性能表现，从而反映出不同的系统弹性。同时，关键性能指标的选取也直接影响系统性能函数，例如，对串联系统而言，性能指标"最大流"由其所有部件的最小容量决定，"传输延迟"是通过将所有部件的延迟相加计算得来的，而"误码率"则是通过将所有部件的误差率相乘得到的。

作为系统最具代表性的指标之一，本章以"最大流"为例，对串联、并联和网络结构进行系统弹性建模与分析。我们将系统受到扰动后的性能下降程度和恢复时间看作是典型的随机行为。为了讨论部件弹性如何影响系统弹性，本章考虑了以下假设。

a. 扰动不连续作用，即系统遭受扰动后到性能完全恢复前，不会遭遇第二次扰动事件。

b. 扰动独立性，即每次扰动只影响组成系统的一个部件，对其他部件无影响。记第 i 个部件遭受扰动的概率为 q_i。

c. 部件性能降级服从离散分布。记第 i 个部件的初始容量为 C_i，容量可能降级为 $C_{i,1}$，$C_{i,2}$，…，C_{i,m_i}，并且每个值的概率为 $p_{i,k} = P\{C_i^* = C_{i,k}\}$，其中 C_i^* 是性能下降后的容量。

d. 部件的恢复时间服从对数正态分布。记第 i 个部件的恢复时间 $t_i \sim \ln N(\mu_i, \sigma_i^2)$。

其中，假设 a 是为了简化研究的问题，这也是弹性分析中常用的假设，如 Zobel（2011）[4]。假设 b 是在系统可靠性分析中常用的假设[5-7]，其假设部件间的故障是独立的，不存在共因故障。在本章，我们假设扰动是独立的，不存在一个扰动影响多个部件的可能。假设 c 采用离散分布反映部件容量降级，这是因为随机流网络中部件的容量通常被假设遵循一个离散分布[8,9]。考虑到部件的恢复时间在很大程度上受到人员、设备、备件调配情况的影响，大多数情况下等待这些资源所耗费的时间要比修复过程本身所用的时间长得多。如 Zobel（2011）[4] 也指出资源能否被快速调用很大程度上影响了系统的恢复时间。因此，在本章我们假设部件的恢复时间与扰动严重程度、性能降级程度无关。该假设已广泛应用到弹性分析中，例如，Ouyang 等（2012）[10] 在城市基础设施的多阶段弹性分析框架研究中假设恢复时间满足均匀分布和指数分布；Barker 等（2013）[11] 和 Baroud 等（2014）[12] 在基于弹性的部件重要度研究中，假设链路恢复时间在给定的时间间隔内服从均匀分布。上述研究中，部件恢复时间均被假设为独立变量。假设 d 选择对数正态分布对部件恢复时间进行描述，这是因为对数正态分布是系统修复时间中最广泛使用的分布[13-15]，同时根据文献［16］、［17］的分析，交通事故的持续时间（包括事件检测和恢复时间）也服从对数正态分布。

2.3 弹性度量

本章采用 Zobel（2011）[4] 的弹性度量构建系统弹性模型。在 Zobel（2011）[4] 的弹性度量中，考虑到系统设计过程中无法确定其遭遇扰动后的系统性能变化过程，其假设系统在 t_0 时刻遭遇扰动行为后，性能会直接降级到 Q_1，并以恒定速率恢复，记恢复时间为 T，如图 2.1 所示。由此，可以通过归一化性能损失 Q_1 和恢复时间 T 来确定系统在扰动后的弹性：

$$\mathbb{R}_Z = \frac{T_u - \dfrac{Q_1 T}{2}}{T_u} \tag{2.1}$$

式中，T_u 为 T 的可能值集合中的严格上界，系统遭受的任何扰动行为均可在 T_u 时间内恢复。可以看出，三角形的面积是系统在特定扰动之后遭受的时变损失量，并且弹性为系统遭受扰动后时间间隔 T_u 内的平均性能。

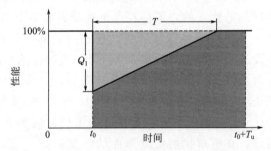

图 2.1　基于弹性三角的弹性度量（参考图 1.4）

本章考虑的部件关键性能参数为容量，系统关键性能参数为最大流，二者均为望大型参数（即参数值越大越好），因此可以将部件的当前容量（或系统最大流）除以其初始值，从而实现性能归一化。考虑容量的部件 i 的弹性可计算为

$$\mathbb{R}_i = 1 - \frac{\left(1 - \dfrac{C_i^*}{C_i}\right) t_i}{2T_u} = 1 - \frac{(C_i - C_i^*) t_i}{2C_i T_u} \tag{2.2}$$

根据 2.2 节中假设 c、d，部件容量降级服从离散分布，恢复时间服从对数正态分布。因此，部件 i 的基于容量的期望弹性可以计算为

$$\overline{\mathbb{R}} = E(\mathbb{R}_i) = 1 - \frac{e^{\mu_i + \frac{1}{2}\sigma_i^2}\left[1 - \dfrac{\displaystyle\sum_{k=1}^{m_i}(p_{i,k}C_{i,k})}{C_i}\right]}{2T_u} \tag{2.3}$$

$$= 1 - \frac{e^{\mu_i + \frac{1}{2}\sigma_i^2}\left[C_i - \displaystyle\sum_{k=1}^{m_i}(p_{i,k}C_{i,k})\right]}{2C_iT_u}$$

式中，$E(\mathbb{R}_i)$ 为部件 i 的弹性期望值。

2.4 串联与并联系统的弹性建模与分析

下面分别以串联和并联结构为例建立系统弹性模型。串联和并联结构简单，易于建立弹性解析模型。串联和并联结构在实际中有着广泛的应用。例如，网络在虚拟链路上的端到端数据传输是典型的串联连接，拥有多个供应商和一个制造商的双层供应链网络可以被认为是并联网络。

2.4.1 串联系统弹性建模

如图 2.2 所示，对于由 n 个部件串联组成的系统，系统最大流等于其所有部件容量的最小值。串联系统的初始最大流 C_S 由部件的容量决定，即 $C_S = \min\limits_{i=1,2,\cdots,n}\{C_i\}$。当部件 j 受到扰动时，其容量下降到 C_j^*。扰动后的系统最大流可以计算为 $\min\limits_{i \neq j}\{C_i, C_j^*\}$。显然，对于串联系统，部件容量的降低并不总是引起系统最大流的下降，这反映了系统可以承受一定的扰动。只有当系统中任一部件的容量下降到低于初始系统最大流 C_S 时，系统最大流才会下降。这种情况下，只要降级部件的容量恢复到 C_S，系统性能就会恢复到正常水平。通过图 2.3 所示的相似三角形原理，可以计算部件 j 受扰动后串联系统最大流性能恢复时间（从扰动发生时刻到系统最大流恢复时刻）为：

$$t_{S,j} = \frac{C_S - C_j^*}{C_j - C_j^*}t_j, \quad C_j^* < C_S \tag{2.4}$$

式中，t_j 为受扰动部件 j 的恢复时间。由此，由部件 j 性能降级引起的串联系统弹性可计算为

$$\mathbb{R}_{S,j} = 1 - \frac{\left(1 - \frac{C_j^*}{C_S}\right)t_{S,j}}{2T_u} = 1 - \frac{(C_S - C_j^*)^2 t_j}{2C_S(C_j - C_j^*)T_u}, C_j^* < C_S \quad (2.5)$$

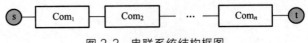

图 2.2　串联系统结构框图

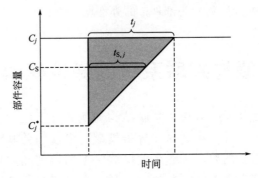

图 2.3　基于相似三角形的串联系统恢复时间计算

在 n 部件组成的串联结构系统中，假设第 i 个部件受到扰动的概率为 q_i，可得基于最大流的系统弹性期望为

$$E(\mathbb{R}_S) = \sum_{i=1}^{n} q_i E(\mathbb{R}_{S,i}) = 1 - \frac{\sum_{i=1}^{n} q_i \left[\sum_{\text{if}C_{i,h} < C_S} p_{i,h} \frac{(C_S - C_{i,h})^2}{C_i - C_{i,h}}\right] e^{\mu_i + \frac{1}{2}\sigma_i^2}}{2C_S T_u}$$

$$(2.6)$$

2.4.2　并联系统弹性建模

如图 2.4 所示，对于由 n 个部件并联组成的系统，系统最大流等于各部件容量之和。并联系统的初始最大流 C_P 可计算为 $C_P = \sum_{i=1}^{n} C_i$。当部件 j 受到扰动时，其容量下降到 C_j^*。扰动后的系统最大流可以计算为 $C_j^* + \sum_{i \neq j} C_i$。显然，在并联系统中，任何部件的容量降低都会导致系统最大流的下降，同时也只有当降级部件容量完全恢复时，系统的性能才能恢复到初始水平。由于系统的恢复时间等于受扰动部件的恢复时间，因此部件 j 受扰动情况下的并联系统弹性可以计算为

$$\mathbb{R}_{P,j} = 1 - \frac{(1 - \dfrac{C_j^* + \sum\limits_{i \neq j}^{n} C_i}{C_P}) t_j}{2T_u}$$

$$= 1 - \frac{(C_j - C_j^*) t_j}{2C_P T_u}$$

(2.7)

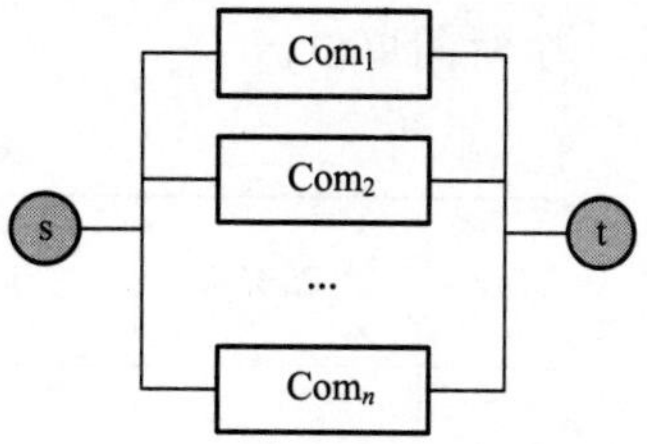

图 2.4　并联系统结构框图

在 n 个部件组成的并联结构系统中，假设第 i 个部件受到扰动的概率为 q_i，可得基于最大流的系统弹性期望为

$$E(\mathbb{R}_P) = \sum_{i=1}^{n} q_i E(\mathbb{R}_{P,i}) = 1 - \frac{\sum\limits_{i=1}^{n} q_i \left[C_i - \sum\limits_{k=1}^{m_i} (p_{i,k} C_{i,k}) \right] e^{\mu_i + \frac{1}{2}\sigma_i^2}}{2C_P T_u}$$

(2.8)

2.4.3　串联与并联系统弹性分析

（1）案例说明

为了说明 2.4.1 节和 2.4.2 节弹性解析模型的应用，这里我们以两个包含 4 个部件的串联和并联系统（图 2.5）为例分别建立系统弹性模型。

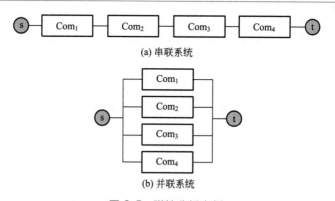

(a) 串联系统

(b) 并联系统

图 2.5　弹性分析案例

系统中部件参数如表 2.1 所示（含初始容量、受扰动概率、可能的容量降级分布、恢复时间分布），其中部件的容量降级和恢复时间分别服

从离散分布和对数正态分布。假定系统的恢复时间的严格上限 T_u 为 20 个时间单位。

表 2.1　串联并联系统部件参数

部件	初始容量	受扰动概率	可能的容量降级分布		恢复时间分布
			剩余容量	概率	
Com$_1$	4	0.4	0	0.1	$t_1 \sim \ln N(0.3, 0.5^2)$
			1	0.2	
			2	0.3	
			3	0.4	
Com$_2$	5	0.3	0	0.1	$t_2 \sim \ln N(0.8, 0.5^2)$
			2	0.15	
			3	0.25	
			4	0.5	
Com$_3$	7	0.2	1	0.15	$t_3 \sim \ln N(1.2, 0.5^2)$
			2	0.1	
			4	0.3	
			5	0.25	
			6	0.2	
Com$_4$	10	0.1	2	0.1	$t_4 \sim \ln N(1.5, 0.5^2)$
			3	0.15	
			5	0.25	
			6	0.2	
			8	0.3	

（2）解析计算

基于 2.4.1 节和 2.4.2 节所述串联结构和并联结构下的弹性解析模型，可以计算得串联系统弹性期望为 $E(\mathbb{R}_{串联}) = 0.987641$，并联系统弹性期望为 $E(\mathbb{R}_{并联}) = 0.993037$。

（3）分析与讨论

① 不同结构下的弹性分析　由前面的弹性期望解析计算结果可知，相同部件性能下降对不同系统结构的影响不同。这里我们采用蒙特卡罗仿真的方法（方法叙述见 2.5.1 节），经过 10^5 次仿真迭代后得到了串联和并联结构系统在每个部件容量降级下的弹性经验概率分布函数（PDF），如图 2.6 所示。

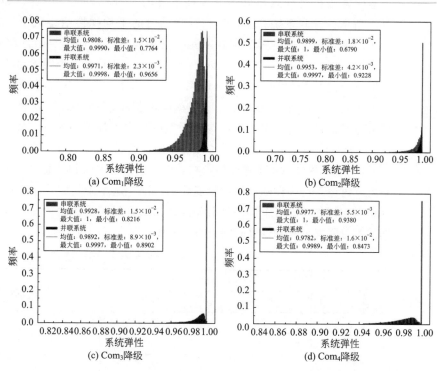

图 2.6　不同部件容量降级下串、并联系统弹性概率分布对比（电子版❶）

当 Com_1 遭受扰动时，两个系统的最大流均将下降，恢复时间等于 Com_1 的恢复时间，因为 Com_1 的任一容量降级状态都将造成两个系统的最大流下降。对于串联系统而言，由于 Com_1 的容量就等于系统最大流，因此其容量降级将引起更大的系统性能下降，然而并联结构系统中它仅提供部分流量，因此，并联系统在 Com_1 遭受扰动时的平均弹性大于串联系统，如图 2.6(a) 所示。当 Com_2、Com_3 或 Com_4 受到扰动时，这些部件的容量降级可能不会影响串联结构系统的最大流，而一旦最大流下降，系统的恢复时间将比部件的容量恢复时间小。出现这种现象是因为这些部件并非系统最大流的瓶颈，具有一定的容量冗余。如果部件容量下降，系统性能不受影响，则说明系统具有较高的稳健性以抵御这种扰动。相反，这样的扰动必然导致并联结构系统的最大流降低，并且系统的恢复时间等于部件的恢复时间。类似地，具有较小初始容量的 Com_2

❶　为了方便读者学习，书中部分图片提供电子版（提供电子版的图，在图上有"电子版"标识），在 www.cip.com.cn/资源下载/配书资源中查找书名或者书号即可下载。

的容量降级也将导致串联系统性能下降的百分比较大。因此，如图 2.6 (b) 所示，并联系统在 Com_2 遭受扰动时的平均弹性值也大于串联系统的平均弹性值，这是因为存在 Com_2 发生容量降级而不导致网络最大流下降的情况。如图 2.6(c)、(d) 所示，Com_3 和 Com_4 受到扰动的情况下串联系统的平均弹性值高于并联系统。一方面，对于串联系统，系统最大流不受 Com_3 和 Com_4 容量降级影响的概率较高；另一方面，由于初始容量较高的 Com_3 和 Com_4 为并联系统提供了最多的流量，故 Com_3 和 Com_4 容量降级造成的并联系统性能下降的百分比高于串联结构系统。

② 部件数量对系统弹性的影响分析　下面对串联和并联这两种结构的系统，讨论系统弹性随部件数量变化的情况。这里我们假设系统中所有部件都是相同的，即每个部件具有相同的初始容量和受扰动概率，且服从相同的容量降级分布和恢复时间分布。表 2.2 提供了相应的系统部件参数。

表 2.2　系统部件参数

初始容量	可能的容量降级分布		恢复时间
	剩余容量	概率	
4	0	0.1	$\ln N(0.3, 0.5^2)$
	0.8	0.2	
	2	0.3	
	3.2	0.4	

采用前文建立的系统弹性解析模型，可以分别计算出随部件数量增加的串联和并联结构系统的弹性期望，如图 2.7 所示。

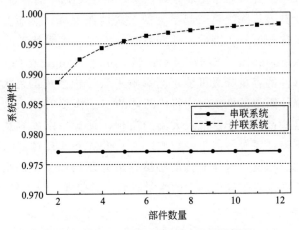

图 2.7　随部件数量增加的系统弹性曲线

从图 2.7 中可以看出，并联结构系统的弹性期望随着部件数量的增加而增大，串联系统弹性期望则保持不变。这主要是因为并联系统的最大流会随着部件容量的增大而增大，并且一个部件容量降级的影响随着不断增加的系统最大流而降低，最终导致了随部件数量逐渐变大的系统弹性期望。然而，对于串联结构系统而言，部件的增加不会引起系统最大流的变化，所以系统弹性期望是不变的。但值得注意的是，对于相同的部件，并联系统的最大流弹性期望总是比串联系统的弹性期望大，因为前者在面临扰动事件时具有更高的容量冗余。

2.5 网络系统弹性分析

2.5.1 网络系统弹性分析方法

上述两部分为串联和并联结构的系统提供了基于最大流的弹性解析模型。然而，如图 2.8 所示的网络系统结构在实际中更为常见。这里，网络的最大流可以采用 Edmonds 和 Karp（1972）[18] 的算法计算。网络中，节点和链路都是系统的组成部分，但为了简化问题，这里假设链路容量有限且可能产生性能降级，节点容量无限且不会产生性能降级。对网络系统来说，很难直接建立部件容量和网络最大流之间的解析关系，故我们使用蒙特卡罗仿真来探索网络结构系统弹性，并讨论不同部件遭受扰动后将如何影响网络系统的弹性。仿真步骤如下。

① 计算源-目的节点的初始网络最大流 C_N。

② 根据每个部件可能遭受扰动的概率 q_i，抽样确定受扰动的部件 j。

③ 根据部件性能降级和恢复时间所服从的分布，抽样确定部件 j 受扰动后的剩余容量 C_j^* 和恢复时间 t_j。

④ 应用式(2.2)来计算部件 j 的弹性。

⑤ 根据 Edmonds 和 Karp（1972）[18] 的算法计算扰动后的系统最大流，即 C_{N_j}。

⑥ 找到部件 j 支持初始系统最大流 C_N 所需的最低容量，表示为 C_j^h，其中 h 为部件 j 的离散分布中容量等级序号。基于部件 j 的恢复时间通过相似三角形法计算网络系统恢复时间，即 $T_{N,j} = \dfrac{C_j^h - C_j^*}{C_j - C_j^*} t_j$。

⑦ 在第 k 次扰动下计算系统弹性为 $\mathbb{R}_{N,k}=1-\dfrac{(C_N-C_{N_j})T_{N,j}}{2C_N T_u}$。

⑧ 考虑到扰动、容量降级和恢复时间的随机性，重复②～⑦步，直到迭代次数 M。

⑨ 最后，根据上述不同扰动下的系统弹性值计算经验系统弹性 $\overline{\mathbb{R}_N}=\dfrac{\sum_{k=1}^{M}\mathbb{R}_{N,k}}{M}$。

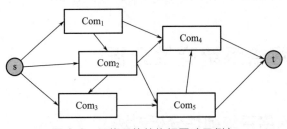

图 2.8　网络系统结构框图（示例）

根据仿真结果，可以进一步分析仿真误差。众所周知，对于大样本 N，通过蒙特卡罗仿真从一个集合获得的样本的算术平均值服从均值为 μ、方差为 $\dfrac{\sigma^2}{N}$ 的正态分布。给定双侧置信水平为 $1-\alpha$（例如，$1-\alpha=95\%$），仿真误差可以计算为

$$\varepsilon=\frac{Z_{\alpha/2}S}{\sqrt{N}} \tag{2.9}$$

式中，$Z_{\alpha/2}$ 为标准正态分布的第 $100\left(1-\dfrac{\alpha}{2}\right)$ 个百分点；S 为所有系统弹性值的标准差。

上述方法采用了蒙特卡罗方法，该方法的具体介绍可以参照第 5 章。

2.5.2　网络系统弹性分析案例

(1) 案例说明

这里采用 Hillier 和 Lieberman（2010）[19] 在运筹学的最短路径、最小生成树和最大流问题研究中用到的 Seervada Park 路网作为网络系统弹性分析示例进行说明。Henry 和 Ramirez-Marquez（2012）[20] 在网络弹性研究中也用到了这个案例，并假设 Seervada Park 位于丘陵地带，这里有一条河流穿过，两个破坏性事件（岩石滑坡和洪水）可能造成不同的

路段损坏。在本案例中，我们使用了由 Henry 和 Ramirez-Marquez (2012)[20] 提供的路网拓扑结构和每个路段的最大日常容量，并假定了部件的受扰动概率、容量降级和恢复时间等参数。如图 2.9 所示，该路网有 12 条链路，链路标签代表它们的索引号和容量。

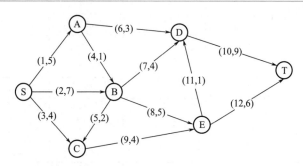

图 2.9　Seervada Park 路网案例

（注：括号内第一个数字代表链路序号，第二个数字代表链路容量）

为了计算该路网的弹性，我们使用文献［20］中所假设的扰动事件（假设 1 和假设 2）以及一个新定义的扰动事件（假设 3）：

假设 1：一条穿过公路入口的河流泛滥导致链路 1～链路 5 中的一个路段遭到破坏[20]；

假设 2：在路网中心发生山体滑坡，会导致链路 6～链路 9 中的一个路段遭到破坏[20]；

假设 3：积雪覆盖了路网的末端，这将导致链路 10～链路 12 中的一个路段受到交通管制。

表 2.3 给出了 Seervada Park 路网组成部件的相关参数，其中图 2.9 所示的每条链路记作 Com_i（其中 i 代表链路序号）。考虑到路网在相同类型的扰动下会采取相同的资源进行恢复，所以在不同的扰动下，我们使用了三个对数正态分布来反映不同的恢复速度，如表 2.3 第 6 列所示。在大多数情况下，洪水灾害需要最长的时间来恢复，滑坡灾害需要第二长的时间，积雪灾害恢复最快。另外，我们将 $T_u = 10$ 个时间单位作为恢复时间的上限。

表 2.3　Seervada Park 路网组成部件的相关参数

部件	扰动类型	受扰动概率	可能的容量降级分布		恢复时间分布
			容量	概率	
Com_1	扰动假设 1	0.15	0	0.2	$t_{1\sim5} \sim$ $\ln N(1.5, 1^2)$
			1	0.3	
			2.5	0.5	

续表

部件	扰动类型	受扰动概率	可能的容量降级分布		恢复时间分布
			容量	概率	
Com_2		0.1	0	0.2	
			1.4	0.3	
			3.5	0.5	
Com_3		0.15	0	0.2	
			0.8	0.3	
			2	0.5	$t_{1\sim5}\sim$
Com_4	扰动假设 1	0.05	0	0.2	$\ln N(1.5,1^2)$
			0.2	0.3	
			0.5	0.5	
Com_5		0.05	0	0.2	
			0.4	0.3	
			1	0.5	
Com_6		0.1	0	0.1	
			0.6	0.2	
			1.5	0.4	
			1.8	0.1	
			2.4	0.2	
Com_7		0.05	0	0.1	
			0.8	0.2	
			2	0.4	
			2.4	0.1	
			3.2	0.2	$t_{6\sim9}\sim$
Com_8	扰动假设 2	0.05	0	0.1	$\ln N(1,0.5^2)$
			1	0.2	
			2.5	0.4	
			3	0.1	
			4	0.2	
Com_9		0.1	0	0.1	
			0.8	0.2	
			2	0.4	
			2.4	0.1	
			3.2	0.2	

续表

部件	扰动类型	受扰动概率	可能的容量降级分布		恢复时间分布
			容量	概率	
Com_{10}		0.05	4.5	0.5	
			5.4	0.3	
			7.2	0.2	
Com_{11}	扰动假设3	0.1	0.5	0.5	$t_{10\sim12}\sim$ $\ln N(0.5,0.3^2)$
			0.6	0.3	
			0.8	0.2	
Com_{12}		0.05	3	0.5	
			3.6	0.3	
			4.8	0.2	

（2）分析与讨论

正常情况下，Seervada Park 路网的路网最大流为 14 个单位。扰动事件导致部件 i 产生容量降级，从而可能导致路网最大流降低。通过基于蒙特卡罗的仿真方法，得到 10^5 次迭代后的 Seervada Park 路网弹性经验估计值：$\overline{\mathbb{R}_N}=0.9781$。该路网弹性的概率密度函数（pdf）如图 2.10 所示，从中可以看出，最大流弹性大于 0.975 的概率超过 60%。这表明在大多数扰动下该路网的弹性非常高，在某些特定扰动下也可能体现较低的弹性。

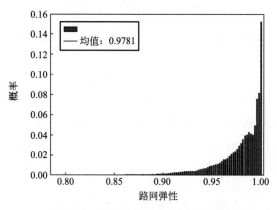

图 2.10　路网弹性的概率密度函数

同时，图 2.11 给出了在不同部件遭受扰动下路网弹性的累积概率分布函数。在图 2.11 中，只有链路 2 受扰动造成的路网弹性可能小于

0.85，并且分布范围最宽。换句话说，链路 2 受扰动对 Seervada Park 路网基于最大流的弹性的不利影响最大。相反，其他部件遭受扰动后的路网弹性都大于 0.85。值得注意的是，链路 4 和链路 5 的容量降级对整个路网最大流没有影响，即使两个部件的容量都下降到 0，Seervada Park 路网的最大流也不会降低，因此在图 2.11 中并没有对应这两个部件的曲线。不同部件对路网的影响也可能随着目标系统弹性的变化而改变。例如，当 $\mathbb{R}_N < 0.97$ 时，链路 12 的曲线低于链路 7（即如果容量降级发生在链路 7，Seervada Park 路网弹性更高），而当 $\mathbb{R}_N > 0.97$ 时，此情形将变为在链路 12 上发生容量降级，该路网的弹性更高。

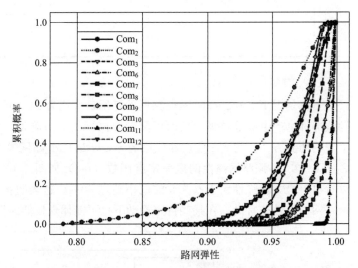

图 2.11　不同部件遭受扰动下 Seervada Park 路网弹性累积概率分布函数（电子版）

　　图 2.12 展示了 Seervada Park 路网最大流随各部件容量降级的变化情况。可以看出，链路 11 的容量降级引发的路网最大流降级最小，即 Seervada Park 路网能够承受大多数发生在链路 11 的扰动。因此，当链路 11 受到扰动时，路网的弹性分布范围最窄，如图 2.11 所示。

　　此外，对比图 2.12 中链路 2 和链路 10，可知由链路 10 容量降级引起的 Seervada Park 路网最大流下降程度大于由链路 2 容量降级导致的情况。但为什么该路网在链路 10 遭受扰动的情况下更具弹性呢（见图 2.11）？这主要是因为两者受扰动后的路网最大流恢复时间不同。图 2.13 描述了当链路 2 和链路 10 发生容量降级时 Seervada Park 路网恢复时间的直方图。比较表明链路 2 降级下的路网最大恢复时间是 9.9998 个时间单位，而链路 10 降级下的路网最大恢复时间是 5.7755 个时间单位。同时，后者的平均恢复时间为 1.7262 个时间单位，比前者的平均恢复时间 3.9449 个时间单位要小得多，因此后者在较短的时间间隔内恢复的概率较高。

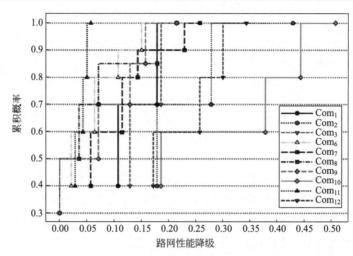

图 2.12 Seervada Park 路网最大流随各部件容量降级的变化情况（电子版）

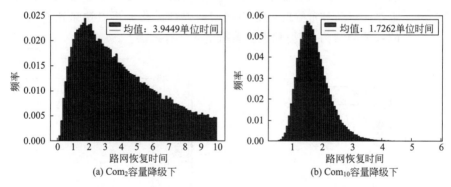

图 2.13 Com_2 和 Com_{10} 容量降级时 Seervada Park 路网恢复时间直方图（电子版）

    显然，不同的拓扑结构的网络弹性是不同的。在 Seervada Park 路网案例研究中，使用了两个其他的拓扑结构来与图 2.9（拓扑 1）中最初的拓扑进行比较，这两个拓扑结构（拓扑 2 和拓扑 3）如图 2.14 所示。正常情况下，这两个拓扑结构的网络最大流分别为 13 个单位和 11 个单位。在具有相同的链路和节点的情况下，三种拓扑具有不同的容量冗余度，其中拓扑 1 的冗余度最小，拓扑 3 具有最大的冗余度，而拓扑 2 的容量冗余在两者之间。这里，容量冗余是总剩余容量与总工作容量的比值[21]。

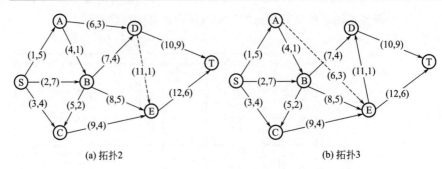

(a) 拓扑2　　　　　　　　　　　　　　(b) 拓扑3

图 2.14　其他两个路网拓扑

　　拓扑 2 和拓扑 3 基于最大流的路网弹性概率密度函数如图 2.15 所示。比较三种拓扑的弹性分布，可以看出三者中具有更高容量冗余的拓扑具有更高的经验弹性，即 $\overline{R_{T_3}} > \overline{R_{T_2}} > \overline{R_{T_1}}$。出现这种现象的原因是冗余度较高的网络中，受扰动部件的流量迁移到其他未受扰动部件的可能性更大，因此这种部件的容量降级对路网最大流影响较小。如今，如何应对未知的威胁、非平稳或不断变化的危险是一个非常大的挑战。当确定这些威胁和危险时，应用我们的弹性量化分析方法来比较和选择更好的系统的结构/拓扑和恢复策略是非常有效的。

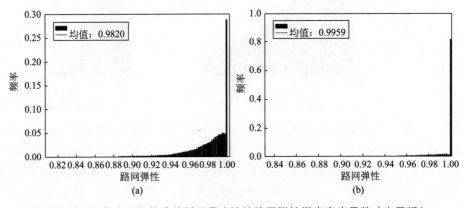

图 2.15　拓扑 2 和拓扑 3 的基于最大流的路网弹性概率密度函数（电子版）

　　值得注意的是，并非所有容量冗余更高的网络都具有更好的弹性。为了讨论容量冗余如何影响网络弹性，我们在 Seervada Park 问题中通过增加链路 1、链路 8、链路 9 和链路 10 的容量作为例子来进行更多分析，这些部件容量的增加不会改变路网的最大流。如图 2.16 所示，当链路 8 或链路

9 容量增加时，路网弹性增加；而当链路 1 或链路 10 容量增加时，路网弹性保持不变。出现这种现象是因为部件的容量降级服从离散分布。如果链路 8 和链路 9 产生容量降级，则一旦容量分别恢复到 3 和 3.2，路网的最大流将被完全恢复。这两个部件的容量增加会减少网络的恢复时间。其容量增加得越大，系统恢复的速度越快，因此链路 8 和链路 9 的容量增加会导致路网弹性增加。但对于链路 1 和链路 10，不存在能够支持初始路网最大流的容量降级。如果链路 1 和链路 10 产生容量降级，只有等到链路容量完全恢复之后系统最大流才会恢复。即便增加链路 1 和链路 10 的容量，系统恢复也需要等待这两条链路完全恢复。因此，路网的恢复时间不会随着链路 1 或链路 10 容量增加而改变，所以路网弹性保持不变。

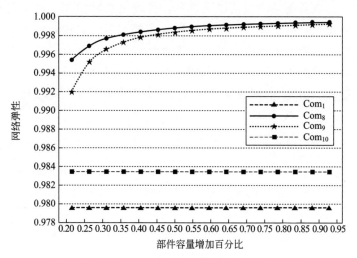

图 2.16　不同部件容量冗余增加下路网弹性比较

　　总之，不是所有的容量冗余都能提高网络的弹性，即使网络弹性提高了，效果也是不一样的。因此，在网络中选择适当的位置来增加冗余是很重要的。

2.6　应用：分布式发电系统

　　本节以分布式发电系统为例，阐述前文得到的系统弹性模型的应用。众所周知，电力系统是当今社会的关键基础设施，它将电力能源从生产端转移运输至客户端，以满足人们生产和生活中对电力使用的需求。传统的发电系统由能够提供固定能源供给的多种部件组成。随着社会的发展，由于固定能源供给的成本越来越高，可再生资源逐渐被广泛应用于电力系统中[22,23]。这些可再生能源由太阳能发电机、风力发电机等部件产生，而这些部件也使得电力系统变成了分布式发电系统。于是保证这些复杂的分布式发电系统正常工作成为了一项重要课题，即需要如何研究分布式发电系统的弹性问题。

(1) 分布式发电系统

本节将对一个由 34 个节点组成的分布式发电系统进行弹性建模（系统出处参见文献［24］）。此分布式发电系统的电力能源不仅来源于传统的固定能源供给，同时还来源于可再生能源发电机。

该发电系统包括以下部件：传统电机转换器、产生可再生能源的太阳能发电机、风力发电机和电动车辆装置。其中，电力能源一部分由系统内传统电机转换器提供，其他由太阳能发电机、风力发电机和电动车辆装置提供。图 2.17 给出整个分布式发电系统各种部件组成的逻辑层级结构。图 2.18 则表述了分布式电力系统的模型与组件构成。

(2) 分布式发电系统弹性建模与分析

我们用 $G(t)$ 表示整个系统产生出来的电量，$G_T(t)$、$G_S(t)$、$G_W(t)$、$G_E(t)$ 分别表示由各个不同部分的单元（传统电机转换器、产生可再生能源的太阳能发电机、风力发电机和电动车辆装置）产生出来可以供给的电量。那么：

$$G(t) = G_T(t) + G_S(t) + G_W(t) + G_E(t) \tag{2.10}$$

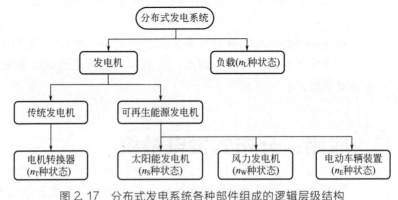

图 2.17　分布式发电系统各种部件组成的逻辑层级结构

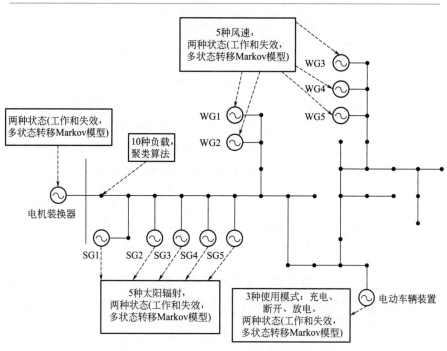

图 2.18 分布式电力系统的模型与组件构成

由式（2.10）可知，该分布式发电系统的性能函数与 2.4.2 节所讨论的以"最大流"为性能指标的并联系统的性能函数一致，因此，可以用并联系统的弹性模型对这一分布式发电系统进行弹性分析。这里，我们假设部件性能降级是服从离散分布的，恢复时间是服从对数正态分布的。对于这样的分布式发电系统，当外部扰动或系统性扰动事件发生

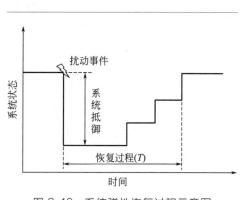

图 2.19 系统弹性恢复过程示意图

时，一个具有高弹性的系统具有通过自身能力恢复至完好状态的能力或者会承担最少的损失，如图 2.19 所示。

根据 2.4.2 节，由第 j 个部件受扰动造成的分布式发电系统弹性度量如下：

$$\mathbb{R}_{p,j} = 1 - \frac{\left(1 - \dfrac{G_j^* + \sum\limits_{i \neq j} G_i}{G_0}\right) t_j}{2T_u} = 1 - \frac{(G_j - G_j^*) t_j}{2G_0 T_u} \qquad (2.11)$$

式中，正常情况下传统电机转换器、产生可再生能源的太阳能发电机、风力发电机和电动车辆装置产生出来可以供给的电量简写为 G_i；正常情况下系统可以供给的总电量 $G_0 = \sum G_i$；部件 j 受扰动后可供给的电量降级为 G_j^*；t_j 为部件 j 可供给电量的恢复时间。假设第 i 个部件受到扰动的概率为 q_i，可得基于最大流的系统弹性期望为

$$E(\mathbb{R}_p) = \sum_{i=1}^n q_i E(\mathbb{R}_{p,i}) = 1 - \frac{\sum\limits_{i=1}^n q_i \left[G_i - \sum\limits_{k=1}^{m_i} (p_{i,k} G_{i,k}) \right] e^{\mu_i + \frac{1}{2}\sigma_i^2}}{2G_0 T_u}$$

$$(2.12)$$

代入具体数据后，可得到计算结果，这里不再赘述。由此可知，在性能函数相同的情况下，2.4.1 节和 2.4.2 节得到的系统弹性模型仍然可以使用。

参考文献

[1] Linkov I, Bridges T, Creutzig F, et al. Changing the resilience paradigm [J]. Nature Climate Change, 2014, 4 (6): 409.

[2] Park J, Seager T P, Rao P S C, et al. Integrating risk and resilience approaches to catastrophe management in engineering systems [J]. Risk Analysis, 2013, 33 (3): 356-367.

[3] Jin C, Li R, Kang R. Maximum flow-based resilience analysis: from component to system [J]. Plos One, 2017, 12 (5): e0177668.

[4] Zobel C W. Representing perceived tradeoffs in defining disaster resilience [J]. Decision Support Sys-tems, 2011, 50 (2): 394-403.

[5] Yin M L, Arellano R R. A case study on network reliability analysis for systems with non-independent paths [C]//Annual reliability and maintainability symposium, 2008: 108-113.

[6] Mishra R, Chaturvedi S K. A cutsets-based unified framework to evaluate network reliability measures [J]. IEEE Transactions on Reliability, 2009, 58 (4): 658-666.

[7] Shrestha A, Xing L, Liu H. Modeling and evaluating the reliability of wireless sensor networks [C]// Annual reliability and maintainability symposium, 2007: 186-191.

[8]　Lin Y K. System reliability of a stochas-tic-flow network through two minimal paths under time threshold [J]. International Journal of Production Economics, 2010, 124（2）: 382-387.

[9]　Lin Y K. Stochastic flow networks via multiple paths under time threshold and budget constraint [J]. Computers & Mathematics with Applications, 2011, 62（6）: 2629-2638.

[10]　Ouyang M, Dueñas-Osorio L, Min X. A three-stage resilience analysis framework for urban infrastructure systems[J]. Structural Safety, 2012, 36: 23-31.

[11]　Barker K, Ramirez-Marquez J E, Rocco C M. Resilience-based network component importance measures [J]. Reliability Engineering & System Safety, 2013, 117: 89-97.

[12]　Baroud H, Ramirez-Marquez J E, Barker K, et al. Stochastic measures of network resilience: applications to waterway commodity flows [J]. Risk Analysis, 2014, 34（7）: 1317-1335.

[13]　Mi J. Interval estimation of availability of a series system[J]. IEEE Transactions on Reliability, 1991, 40（5）: 541-546.

[14]　Upadhya K S, Srinivasan N K. Availability of weapon systems with multiple failures and logistic delays[J]. International Journal of Quality & Reliability Management, 2003, 20（7）: 836-846.

[15]　Myrefelt S. The reliability and availability of heating, ventilation and air conditioning systems[J]. Energy and buildings, 2004, 36（10）: 1035-1048.

[16]　Golob T F, Recker W W, Leonard J D. An analysis of the severity and incident duration of truck-involved freeway accidents[J]. Accident Analysis & Prevention, 1987, 19（5）: 375-395.

[17]　Skabardonis A, Petty K, Varaiya P. Los Angeles I-10 field experiment: incident patterns[J]. Transportation Research Record: Journal of the Transportation Research Board, 1999（1683）: 22-30.

[18]　Edmonds J, Karp R M. Theoretical improvements in algorithmic efficiency for network flow problems[J]. Journal of the ACM, 1972, 19（2）: 248-264.

[19]　Hillier F S, Lieberman G J. Introduction to operations research（9th printing）[M]. The McGraw-Hill Companies Inc. 2010.

[20]　Henry D, Ramirez-Marquez J E. Generic metrics and quantitative approaches for system resilience as a function of time[J]. Reliability Engineering & System Safety, 2012, 99: 114-122.

[21]　Liu Y, Tipper D, Siripongwutikorn P. Approximating optimal spare capacity allocation by successive survivable routing[J]. IEEE/ACM Transactions on Networking, 2005, 13（1）: 198-211.

[22]　Billinton R. Generating capacity adequacy evaluation of small stand-alone power systems containing solar energy [J]. Reliability Engineering & System Safety, 2006, 91（4）: 438-443.

[23]　Moharil R M, Kulkarni P S. Reliability analysis of solar photovoltaic system using hourly mean solar radiation data [J]. Solar Energy, 2010, 84（4）: 691-702.

[24]　Li Y F, Zio E. A multi-state model for the reliability assessment of a distributed generation system via universal generating function[J]. Reliability Engineering & System Safety, 2012, 106: 28-36.

第3章

基于聚合
随机过程的
多态系统
弹性建模

3.1 研究背景

传统的可靠性理论认为系统及其组成部件仅存在正常工作和故障两个状态。然而，现代工业生产中的许多系统是由有不同运行水平和不同故障模式的多态部件组成的。部件的不同水平或不同故障模式对整个系统有不同的影响。这样的系统被称为多态系统（multi-state system，MSS）[1]。多态系统既能真实地表征复杂系统多态的特点，又能反映出系统性能与元件性能、系统可靠性与系统性能的关系[2]，因而成为学术界和工业界所共同关注的热点问题，并在机械工程、计算机和网络系统、通信系统、能源系统、供给系统、城市基础设施、战略和防御等众多领域得到了迅速发展[3]。各国学者的不断努力使得在多态系统的建模、表示及定量分析等方面有了很大的发展。Lisnianski 和 Levitin（2003）[1]、Zio（2009）[4] 分别对已有研究做了总结和归纳。

多态可修系统的可靠性研究主要关注的指标可以划分为两类：一类是概率指标，即系统处于某一状态或状态集合的概率，例如，瞬时可用度、区间可用度、稳态可用度等；另一类是时间指标，即系统处于某一状态或状态集合的时间，例如，平均开工时间、平均停工时间、首次故障前时间等[5-7]。无论是概率指标还是时间指标，都是"面向故障"的，换言之，这些指标仅仅关注系统的一个状态或状态集合（即故障状态）。因此，这些指标主要适用于处理工作状态与故障状态能够明确区分的系统。

然而，现代复杂工程系统的一个显著特点是工作状态与故障状态的界限逐渐淡化：受到各种突发事件的影响，系统可能进入各种性能降级状态，而系统完全丧失功能的状态（即故障状态）却较少出现。例如，地铁运营过程中，由于信号系统、列车和设备等测试不完备，可能发生一些运力降级事件，如列车间隔增大、晚点、过站不停等。从可靠性与维修性的角度来看，人们不仅要求这类复杂工程系统不发生故障，也要求系统能够从各种性能降级状态中快速恢复。因此，仅凭传统的"面向故障"的指标并不足以全面地描述对这类系统可靠性与维修性方面的新要求。弹性恰恰考虑了复杂工程系统性能所有可能的性能降级状态，是一种"面向过程"的可靠性新要求。为了适应现代复杂工程系统可靠性与维修性需求的发展，近年来，弹性作为对复杂工程系统可靠性的一种新要求，已经在智能电网、供水网络、信息物理系统、关键基础设施等复杂工程系统的设计中得到了广泛的重视。

基于以上研究背景，本章将针对一般化多态系统展开其弹性问题的讨论与研究。具体内容将介绍一般化多态系统的弹性建模，并定义系统的弹性指标。而后，运用聚合随机过程的理论，对系统的弹性指标进行推导与计算。此外，本章还将阐述两类具体多态系统的弹性研究思路与方案，为多态系统的弹性设计与分析提供更多的理论基础。

3.2　聚合随机过程及相关理论

在考虑随机性因素的条件下，对系统状态变化的研究通常需要使用随机过程。然而，由于多态系统的状态数目增多，所处环境多变，用传统的随机过程方法直接进行分析越发困难。本章将运用聚合随机过程的方法，通过对新的聚合随机过程的研究，对原系统进行弹性分析，推导得到多态系统的弹性指标。

3.2.1　聚合随机过程的起源与发展

聚合随机过程的运用最初是在生物物理学的离子通道（ion channel）研究中体现出来的[8,9]。

（1）离子通道研究背景

在生物物理学中，神经元、肌细胞等可兴奋细胞组织膜上的特殊大分子蛋白质，形成具有选择性的孔洞，处于开放状态，允许一种或数种离子通过，离子沿着电化学梯度流过通道，形成离子电流，这就是离子通道。20 世纪 50 年代初，两位英国科学家 Hodgkin 和 Huxlev 用"电压钳"（voltage clamp）技术证实了跨膜电位取决于细胞膜的离子通透性，以及神经细胞的兴奋是由膜的离子通透性变化所引起的。从而，"离子通道"这一概念被正式提出。1976 年，Neher 和 Sakmann 建立了膜片钳技术，该技术被应用于通道离子电流的记录，它利用一个玻璃电极同时完成膜片（或全细胞）电位的钳制和膜电流的记录。

随着现代化新技术的发展，研究表明离子通道实质上是细胞膜上的一类跨膜糖蛋白，它们在以脂质双分子层为骨架的细胞膜上构成具有高度选择性的亲水性孔道（其结构类似细胞内外之间的门和通道）。离子通道会有选择性地让一种或数种离子以被动运转的方式通过细胞膜，并对离子流的动力学进行调控，使细胞得以在保持内环境动态平衡的条件下与外环境进行必不可少的跨膜信号传递和理化调控。研究还发现，离子通道不仅直接与细胞的兴奋性有关，并可进一步影响和控制与细胞有关的各种生理活动，甚至还对学习、记忆和维持细胞体积恒定及内环境稳定起着重要的作用[10,11]。离子通道具有选择性和开关性，选择性是指一种通道优先让某种离子通过，而另一些离子则不容易通过该种通道的特性。开关性是指离子通道存在两种状态，即开放状态和关闭状态。多数情况下离子通道是关闭的，只在一定的条件下开放。离子通道的开放和关闭称为门控过程[12,13]。

对单离子通道运用膜片钳技术进行实验，可以观测得到通道的开放状态和关闭状态以及它们之间转换的记录。图 3.1 是一个单离子通道的膜片钳记录[14]。

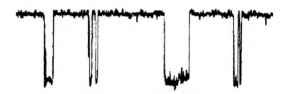

图 3.1　单离子通道膜片钳记录

（2）离子通道建模与聚合随机过程

为了对离子通道门控过程进行准确的刻画和描述，人们采用随机过程的理论进行研究。最初人们采用转移强度为常数的两状态马尔可夫模型对通道的动力学进行描述。但是，随着研究的深入，仅用该模型已不足以反映离子通道的门控机制。20 世纪 70 年代起，Colquhoun 和 Hawkes 等学者就建立了多态连续时间马尔可夫模型的基础理论[8,9]。在实验中观测到的通道状态为开放和关闭两种状态的交替进行，而根据实际情况，在不同机理下，细胞膜的通道状态不仅仅只存在两种状态。在文献［8］、［9］中，Colquhoun 和 Hawkes 将离子通道所处的状态分为三类，以三个子集表示，即 A（开放状态集）、B（短闭合状态集）、C（长闭合状态集），而状态之间的转移强度仅仅依赖于当前的状态，不依赖于处于该状态的时间长短，从而以马尔可夫过程刻画通道状态的变化趋势。而后，当通道处在 A 和 B 交替进行的状态时，称离子通道处在一种脉冲（burst）状态，而当通道处在 C 和 B 交替进行的状态时，称离子通道处在一种叫作脉冲之间间隔（gaps between bursts）的状态，其过程如图 3.2 所示[9]。

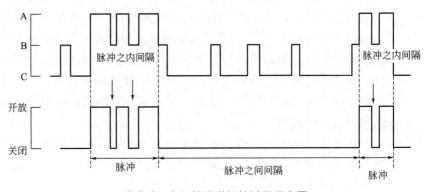

图 3.2　离子单通道门控过程示意图

在此模型建立的基础上，研究者们对基于马尔可夫过程的离子通道进行了深入详尽的研究工作，分析推导得出了诸多反映离子通道特性和运行规律的指标的表达式。而此建模过程中，将状态集 A 和 B，或状态集 C 和 B 看作一类新的状态，便是聚合思想的最初体现。虽然文献 [8]、[9] 中没有明确提及聚合的概念，但离子通道建模理论本质上是运用聚合思想，得到相应的新的随机过程，进而分析解决了研究中的难点问题。随后，离子通道建模理论[15-17] 进一步得到研究，对离子通道门控机制动力学及其相关问题的研究迅速发展，引起了越来越多学者的关注与重视。

从离子通道建模理论研究中可以发现其中贯穿着聚合的思想，而且需要指出的是，离子通道建模理论与系统可靠性建模理论还有着很多契合点。离子通道的马尔可夫建模研究，开创了实质性的聚合随机过程理论。从离子通道建模中体现出聚合思想开始，聚合随机过程可以应用于其他很多领域学科。

3.2.2　聚合随机过程的本质与研究

聚合思想的本质就是根据一定准则，将一些具有相似特征或符合相同标准的状态或个体聚类在一起，从而得到新的状态分类。而在运用随机过程描述系统或研究对象的运行规律和趋势时，由于对状态进行聚合，从而原随机过程的状态空间发生了变化，同时会得到一个新的随机过程，新的随机过程不一定拥有和原随机过程相同的性质，称新的随机过程为聚合随机过程。对系统或研究对象而言，原本只能通过对原随机过程的研究得到相应的结论，而对原随机过程的研究可能存在困难或根本无法用原随机过程得到系统的分析结果。于是，转而研究聚合随机过程，以便于问题研究的进展，这便是聚合随机过程的意义所在。

聚合随机过程的数学定义如下：已知一个状态空间为 S 的随机过程 $\{X(t),t\geqslant 0\}$（一般情况下 S 为可数集），建立状态空间为 S^{aggr} 的随机过程 $\{X^{aggr}(t),t\geqslant 0\}$，其中 $\{X^{aggr}(t),t\geqslant 0\}$ 是 $\{X(t),t\geqslant 0\}$ 的函数，且 S^{aggr} 中的状态数目小于或等于 S 中的状态数目，称 $\{X^{aggr}(t),t\geqslant 0\}$ 为聚合随机过程，$\{X(t),t\geqslant 0\}$ 为基本随机过程。表 3.1 给出了原随机过程与聚合随机过程的对比关系，可以更为清晰地体现出聚合随机过程的含义。

表 3.1 原随机过程与聚合随机过程的对比关系

项目	原随机过程	聚合随机过程	两者关系对比
记号/表达式	$\{X(t),t\geqslant 0\}$	$\{X^{aggr}(t),t\geqslant 0\}$	$\{X^{aggr}(t),t\geqslant 0\}$ 是 $\{X(t),t\geqslant 0\}$ 的函数
状态空间	S	S^{aggr}	S 中的状态进行聚合，得到 S^{aggr}，$\mid S\mid\geqslant\mid S^{aggr}\mid$
性质	具有原本随机过程的性质	具有新的随机过程的性质	性质不同

聚合随机过程的研究大体上可以划分为以下三类：聚合随机过程的理论研究、基于聚合随机过程的离子通道理论研究、基于聚合随机过程的可靠性研究。

（1）聚合随机过程的理论研究

主要研究可聚合的条件、聚合后的性质保留等问题[18]。例如，冯海林（2004）[19] 研究了连续时间马尔可夫模型可聚合性与几乎可聚合的条件。郭永基（2002）[20] 给出了并联马尔可夫系统可进行状态聚合的条件。

（2）基于聚合随机过程的离子通道理论研究

离子通道是神经元、肌细胞等可兴奋细胞组织膜上的特殊大分子蛋白质。通过离子通道的开放和关闭，可以产生和传导电信号，因而离子通道的门控行为是神经和肌肉活动的基础。20 世纪 80 年代，Colquhoun 和 Hawkes 提出了以马尔可夫过程为基础的离子通道建模理论[9]。该理论是聚合随机过程理论和应用的一大飞跃。Ball（2000）[21]、Jalali（1992）[22]、Merlushkin（1996）[23] 等的研究极大地丰富了该理论。运用聚合随机过程刻画离子通道门控行为，已经成为生物工程中离子通道分析和数据处理的基础。

（3）基于聚合随机过程的可靠性研究

从 2006 年开始，在可靠性领域中，研究者们从可靠性、维修性工程实际出发，借鉴离子通道建模理论，运用状态聚合法，建立不同的状态聚合系统模型，得到相应的聚合随机过程，并进行可靠性、维修性分析。主要研究者有：北京理工大学崔利荣教授及其研究团队[24-27]、英国的 Alan G. Hawkes 教授[28]、美国的 Li Haijun 教授[29]、石家庄铁道大学的王丽英教授[30,31]，还包括本章作者杜时佳博士[32-34]。学者们针对特定的系统，分析系统的特性与运行规则，对系统的状态进行恰当的定义和聚合分类，得到聚合随机过程，进而对系统进行建模和可靠性分析。

综上所述，聚合随机过程在可靠性领域中的系统建模与指标推导方面可以起到重要的作用。

3.2.3　相关概念与理论基础

由于本章在对系统进行弹性建模时，需要应用聚合随机过程理论，所以本节将简要阐述与之相关的马尔可夫过程和半马尔可夫过程的概念和理论。此外，在对系统的随机分布推导分析时，会应用到一些数学变换，所以本节也会对拉普拉斯变换和拉普拉斯-斯蒂尔切斯变换进行简要介绍。

（1）马尔可夫过程

在随机过程理论中，马尔可夫过程是其中的一个重要分支。马尔可夫过程最初是由俄国数学家 A. A. Markov 于 20 世纪初提出来的。一个随机过程具有马尔可夫性，直观解释是指在已知系统现在状态的条件下，它未来的演变不依赖于它过去的演变，即在已知"现在"的条件下，"将来"与"过去"无关。下面给出马尔可夫过程的数学定义：

定义 3.1[35]　设一个随机过程$\{X(t), t \geq 0\}$，其取值的状态空间为 $S = \{0, 1, \cdots\}$，若对任意自然数 n，以及任意 n 个时刻点 $0 \leq t_1 < t_2 < \cdots < t_n$，均有

$$P\{X(t_n) = i_n \mid X(t_1) = i_1, X(t_2) = i_2, \cdots, X(t_{n-1}) = i_{n-1}\}$$
$$= P\{X(t_n) = i_n \mid X(t_{n-1}) = i_{n-1}\}, i_1, i_2, \cdots, i_n \in S$$

则称$\{X(t), t \geq 0\}$为离散状态空间 S 上的连续时间的马尔可夫过程。

定义 3.2[35,36]　如果，对任意的时刻 $t, u \geq 0$，均有

$$P\{X(t+u) = j \mid X(u) = i\} = P_{ij}(t), i, j \in S$$

与 u 无关，则称马尔可夫过程$\{X(t), t \geq 0\}$是时齐的，且对固定的 i、j

属于 S，$P_{ij}(t)$ 为转移概率函数，矩阵 $\boldsymbol{P}(t)=[P_{ij}(t)]$ 为转移概率矩阵。

假定 $\lim\limits_{t\to 0}P_{ij}(t)=\delta_{ij}=\begin{cases}1, & i=j \\ 0, & i\neq j\end{cases}$，那么，转移概率函数 $P_{ij}(t)$ 具有如下性质：

① $P_{ij}(t)\geqslant 0$；

② $\sum\limits_{j\in S}P_{ij}(t)=1$；

③ $\sum\limits_{k\in S}P_{ik}(u)P_{kj}(v)=P_{ij}(u+v)$。

对于时齐的马尔可夫过程 $\{X(t),t\geqslant 0\}$，在无穷小的时间区间 Δt 上，定义下列极限：

$$\begin{cases}\lim\limits_{\Delta t\to 0}\dfrac{P_{ij}(\Delta t)}{\Delta t}=q_{ij}, & i\neq j, \ i, \ j\in S \\ \lim\limits_{\Delta t\to 0}\dfrac{1-P_{ii}(\Delta t)}{\Delta t}=-q_{ii}, & i\in S\end{cases}$$

由以上定义的取值 q_{ij} 构成的矩阵 $\boldsymbol{Q}=[q_{ij}]$，称为马尔可夫过程的转移率矩阵，并且满足 $\sum\limits_{j\in S}q_{ij}=0$，$i\in S$。

如果令 $p_j(t)=P\{X(t)=j\}(j\in S)$，它表示在时刻 t 系统处于状态 j 的概率，且

$$p_j(t)=\sum\limits_{k\in S}p_k(0)P_{kj}(t)$$

记 $\boldsymbol{p}(t)=[p_0(t),p_1(t),\cdots,p_N(t)]$，则有

$$\frac{\mathrm{d}\boldsymbol{p}(t)}{\mathrm{d}t}=\boldsymbol{p}(t)\boldsymbol{Q} \tag{3.1}$$

即为马尔可夫过程的状态方程组，可以由式(3.1)求出系统时刻 t 处于各个状态的概率。

此外，转移概率矩阵和转移率矩阵之间存在如下方程组的关系：

$$\frac{\mathrm{d}\boldsymbol{P}(t)}{\mathrm{d}t}=\boldsymbol{P}(t)\boldsymbol{Q} \tag{3.2}$$

也称其为 Kolmogorov 向前方程。于是如果已知马尔可夫过程的转移率矩阵 $\boldsymbol{Q}$，即可根据式(3.2)求出转移概率矩阵。

（2）半马尔可夫过程

定义 3.3[37]　设 $(\boldsymbol{Z},\boldsymbol{T})=\{Z_n,T_n,n=0,1,\cdots\}$ 为一个二维离散时间随机过程，其中 Z_n 取值为 $E=\{0,1,\cdots\}$，T_n 取值范围为 $[0,\infty)$，如果

对所有 $n=0,1,\cdots$，$i\in E$，$t\geqslant 0$，有

$$P\{Z_{n+1}=i, T_{n+1}-T_n\leqslant t\mid Z_0, Z_1, \cdots, Z_n, T_0, T_1, \cdots, T_n\}$$
$$=P\{Z_{n+1}=i, T_{n+1}-T_n\leqslant t\mid Z_n\}$$

则称 $(\boldsymbol{Z}, \boldsymbol{T})$ 为马尔可夫更新过程。

定义 3.4[37]　如果令 $X(t)=Z_n$，当 $T_n\leqslant t\leqslant T_{n+1}$ 时，称 $\{X(t), t\geqslant 0\}$ 是与马尔可夫更新过程 $(\boldsymbol{Z}, \boldsymbol{T})$ 相联系的半马尔可夫随机过程。

定义 3.5[37]　记 $Q_{ij}(t)$ 如下：

$$Q_{ij}(t)=P\{Z_{n+1}=j, T_{n+1}\leqslant t\mid Z_n\}$$

则称 $\{Q_{ij}(t), i, j\in E\}$ 为半马尔可夫核。

于是时齐的马尔可夫更新过程的性质由它的半马尔可夫核完全确定。此外，如果令 $\lim\limits_{t\to\infty}Q_{ij}(t)=P_{ij}(i, j\in E)$，并设 $\boldsymbol{P}=[P_{ij}](i, j\in E)$。

根据马尔可夫更新过程的定义，$\{Z_n, n\geqslant 0\}$ 是状态空间 E 上具有转移概率矩阵 $\boldsymbol{P}$ 的离散时间马尔可夫链。

（3）拉普拉斯变换与拉普拉斯-斯蒂尔切斯变换

定义 3.6　设 $f(t)$ 是定义在 $\mathbb{R}^+\cup\{0\}$ 上的函数。把由

$$f^*(s)=\int_0^{+\infty}\mathrm{e}^{-st}f(t)\mathrm{d}t=\mathcal{L}\{f(t)\} \tag{3.3}$$

定义的函数 $f^*(s)$ 称作 $f(t)$ 的拉普拉斯变换（简称 $\mathcal{L}$ 变换或拉氏变换）。

设 X 是一非负随机变量，它的分布函数是 $F(x)$。若 $F(x)$ 有密度函数 $f(x)$，则可以借助 $f(x)$ 的 $\mathcal{L}$ 变换研究随机变量的概率分布。当分布函数 $F(x)$ 不存在密度函数时，就无法直接使用 $\mathcal{L}$ 变换。为了弥补这一缺陷，对分布函数定义类似的变换。

定义 3.7　设 $F(x)$ 是非负随机变量 X 的分布函数，称由

$$F^*(s)=\mathcal{L}-\mathcal{S}\{f(x)\}=\int_0^{+\infty}\mathrm{e}^{-st}\mathrm{d}F(x)=E(\mathrm{e}^{-sX}) \tag{3.4}$$

定义的变换 $F^*(s)$ 为分布函数 $F(x)$（或者说随机变量 X）的拉普拉斯-斯蒂尔切斯变换（简称 $\mathcal{L}\text{-}\mathcal{S}$ 变换）。

3.3　一般化多态系统弹性建模与分析

3.3.1　系统模型与假设

为了研究多态系统的弹性问题，并且恰当地描述系统的弹性，本节

首先用一个连续时间的马尔可夫过程来刻画多态系统，下面给出关于所研究的多态系统的详细模型与假设。

① 假定多态系统一共具有 n 个状态。这些状态代表的系统运行情况可以划分为三类不同的类型：正常工作状态、从失效恢复到运行不佳的状态（称作中间状态）和完全失效的状态。系统由于退化等因素会从正常工作状态变为中间状态，会由于受到损坏变为完全失效状态。同时，系统也会因为修复或自恢复能力从中间状态变为正常工作状态。

② 为了计算的简便，将系统的状态空间记为 $S=\{1,2,\cdots,n\}$，那么 S 可以划分为三个状态子集，$S=A\cup B\cup C$，且记

$$A=\{1,2,\cdots,k_A\}, B=\{k_A+1,k_A+2,\cdots,k_B\}, C=\{k_B+1,k_B+2,\cdots,k_C\}$$

式中，k_A、k_B、k_C 为系统在三个状态子集中具有的状态个数。

③ 记多态系统在状态 i 时的性能值为 q_i，$i=1,\cdots,n$。q_i 的值已经进行了标准化，于是 $0\leqslant q_i\leqslant 1$。由于系统在状态子集 A 中是正常工作的，那么 $q_j=1, j=1,2,\cdots,k_A$。

④ 记系统在状态子集 A、B、C 中的性能值分别为 q_A、q_B、q_C，并且子集中的状态分别独立，那么可以得到每个子集中系统的性能值为：

$$q_A=\frac{1}{k_A}\sum_{i=1}^{k_A}q_i=1, q_B=\frac{1}{k_B}\sum_{i=1}^{k_B}q_i, q_C=\frac{1}{k_C}\sum_{i=1}^{k_C}q_i$$

⑤ 我们假定系统在每个状态停留的时间服从指数分布，并且，在初始时刻，系统是全新的，即系统处于完全正常工作的状态。多态系统的运行过程由一个连续时间的马尔可夫过程 $\{X(t),t\geqslant 0\}$ 刻画，其状态空间为 $S=\{1,2,\cdots,n\}$，马尔可夫过程的状态转移率矩阵记为 $\boldsymbol{Q}$。

3.3.2 系统弹性建模与指标推导

在本节中，我们先将基于 Bruneau 等[38] 的弹性三角定义给出 3.3.1 节的多态系统定义的弹性指标，然后运用聚合随机过程的理论对弹性指标进行分析与推导计算。

（1）多态系统弹性建模与指标定义

按照 Bruneau 教授的观点，系统弹性受到系统鲁棒性、快速性、资源充足程度以及系统冗余程度四方面因素的影响[38]，系统的弹性可以由系统性能的变化曲线定义，如下式所示：

$$\mathbb{R}_1=\int_{t_0}^{t_1}[1-Q(t)]\mathrm{d}t \tag{3.5}$$

式中，$Q(t)$ 为归一化后的系统性能参数；t_0 为系统受到扰动发生性能降级的时间；t_1 为系统恢复完成的时间。

弹性三角指标的物理意义是系统的理想状态与实际系统性能变化曲线所围成的面积（图 3.3 中阴影部分），衡量的是由于系统受到扰动影响所造成的损失，如图 3.3 所示。

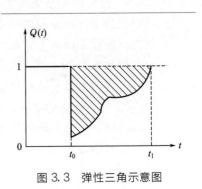

图 3.3　弹性三角示意图

基于以上弹性三角的定义，我们针对 3.3.1 节所述的多态系统，记系统在三个状态子集中停留的时间为 $T_i (i = A, B, C)$，其性能分别为 q_i $(i = A, B, C)$。于是，我们给出一种新的系统弹性指标如下：

$$\mathbb{R}_d = \frac{\sum\limits_{i=A,B,C} q_i T_i}{\sum\limits_{i=A,B,C} T_i} \qquad (3.6)$$

式中，分子部分表示系统在每种状态子集中的性能与停留时间的乘积之和，见图 3.4 中的阴影部分；分母部分表示系统一直处于完好工作的情况。

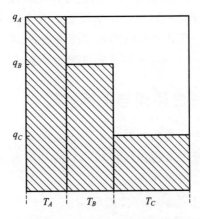

图 3.4　新定义下的多态系统弹性指标示意图

根据式(3.6)定义的弹性指标，可以知道 $0 \leqslant \mathbb{R}_d \leqslant 1$，并且，$\mathbb{R}_d$ 越大，则表示多态系统具有越好的弹性。

可以看出，我们已经对弹性指标进行了标准归一化的处理，弹性三角定义本质上表征的是图 3.4 中空白部分的面积。我们给出的新的系统弹性指标的定义实质上是基于弹性三角定义的创新与拓展。

（2）多态系统弹性指标的推导

由前面内容定义的弹性指标，可以知道 $\mathbb{R}_d$ 本质上是一个随机变量。于是对 $\mathbb{R}_d$ 的分析即为推导得到其累积概率分布函数。下面采用聚合随机过程的方法展开推导。

已知马尔可夫过程 $\{X(t), t \geqslant 0\}$ 的状态空间为 S。记其初始概率矢量为 $\boldsymbol{\Phi}$，转移率矩阵为 $\boldsymbol{Q}$，且在初始时刻系统处于全新状态，即 $\boldsymbol{\Phi} = [1, 0, \cdots, 0]_{1 \times n}$。

根据多态系统的假设，系统状态空间被划分为三类，于是马尔可夫过程 $\{X(t), t \geqslant 0\}$ 的转移率矩阵 $\boldsymbol{Q}$ 也可以写成如下分块矩阵：

$$\boldsymbol{Q} = \begin{bmatrix} \boldsymbol{Q}_{AA} & \boldsymbol{Q}_{AB} & \boldsymbol{Q}_{AC} \\ \boldsymbol{Q}_{BA} & \boldsymbol{Q}_{BB} & \boldsymbol{Q}_{BC} \\ \boldsymbol{Q}_{CA} & \boldsymbol{Q}_{CB} & \boldsymbol{Q}_{CC} \end{bmatrix} \tag{3.7}$$

可以得到一个用于描述系统在 A、B、C 之间转换的随机过程 $\{Y(t), t \geqslant 0\}$，它是基于马尔可夫过程得到的聚合随机过程，并且 $\{Y(t), t \geqslant 0\}$ 的本质不再是马尔可夫过程，而是一个半马尔可夫过程。$\{Y(t), t \geqslant 0\}$ 的特性由其半马尔可夫核 $\boldsymbol{G}(t)$ 决定，$\boldsymbol{G}(t)$ 是一个转移矩阵，可以写成如下形式：

$$\boldsymbol{G}(t) = \begin{bmatrix} \boldsymbol{0} & \boldsymbol{G}_{AB}(t) & \boldsymbol{G}_{AC}(t) \\ \boldsymbol{G}_{BA}(t) & \boldsymbol{0} & \boldsymbol{G}_{BC}(t) \\ \boldsymbol{G}_{CA}(t) & \boldsymbol{G}_{CB}(t) & \boldsymbol{0} \end{bmatrix}$$

为了得到弹性指标 $\mathbb{R}_d$ 的累积概率分布函数，我们分析半马尔可夫核 $\boldsymbol{G}(t)$，其矩阵元素可以根据文献 [9] 求出。

先给出一个矩阵 $\boldsymbol{P}_{AA}(t)$ 的定义：

$$\boldsymbol{P}_{AA}(t) = [^A p_{ij}(t)]_{|A| \times |A|} = \exp(\boldsymbol{Q}_{AA} t)$$

其中，$^A p_{ij}(t) = P\{$系统从 0 到 t 时刻停留在子集 A 中，而时刻 t 在状态 j | 时刻 0 在状态 $i\}$，$i, j \in A$，$|A|$ 指集合 A 中元素的个数。

那么

$$\boldsymbol{G}_{AB}(t) = \boldsymbol{P}_{AA}(t) \boldsymbol{Q}_{AB}$$

矩阵 $\boldsymbol{G}_{AB}(t)$ 中的元素为 $g_{ij}(t)$，$i \in A$，$j \in B$，其定义如下：

$$g_{ij}(t) = \lim_{\Delta t \to \infty} P \{\text{系统从 0 到 } t \text{ 时刻停留在子集 } A \text{ 中，而在时刻 } t \text{ 到}$$

$t + \Delta t$ 离开子集 A 进入状态 j | 时刻 0 在状态 i}$/\Delta t$。

$\boldsymbol{P}_{AA}(t)$ 和 $\boldsymbol{G}_{AB}(t)$ 的拉普拉斯变换如下：

$$\boldsymbol{P}_{AA}^*(s) = (s\boldsymbol{I} - \boldsymbol{Q}_{AA})^{-1} \qquad (3.8)$$

$$\boldsymbol{G}_{AB}^*(s) = (s\boldsymbol{I} - \boldsymbol{Q}_{AA})^{-1}\boldsymbol{Q}_{AB} \qquad (3.9)$$

式中，$\boldsymbol{I}$ 为单位矩阵。此外，可以得到：

$$\int_0^\infty g_{ij}(t)\mathrm{d}t = P\{\text{停留在状态} j \mid \text{开始于状态} i\} = g_{ij}^*(0), i \in A, j \in B$$

其中，$g_{ij}^*(0)$ 是 $\boldsymbol{G}_{AB}^*(0)$ 中的元素。

于是，将 $g_{ij}(t)$ 进行归一化得到标准的概率密度函数为：

$$\frac{g_{ij}(t)}{\int_0^\infty g_{ij}(t)\mathrm{d}t} = \frac{g_{ij}(t)}{g_{ij}^*(0)}$$

根据以上理论，下面可以对多态系统的弹性指标 $\mathbb{R}_d$ 进行累积概率分布函数的推导。

由于式（3.6）定义的弹性指标 $\mathbb{R}_d$ 包含了三个随机变量 T_A、T_B、T_C，所以，我们需要先对 T_A、T_B、T_C 的概率密度函数进行推导，进而才能推导得到弹性指标 $\mathbb{R}_d$ 的累积概率分布函数。

将 T_A、T_B、T_C 的概率密度函数记为 $f_A(t)$、$f_B(t)$、$f_C(t)$。根据聚合随机过程，结合多态系统的特性，我们可以推导得到 $f_A(t)$、$f_B(t)$、$f_C(t)$ 的拉普拉斯变换如下：

$$f_A^*(s) = \pi_B\boldsymbol{Q}_{BA}\boldsymbol{G}_{AB}^*(s)u_B \qquad (3.10)$$

$$\begin{aligned}f_B^*(s) = &\pi_A\boldsymbol{Q}_{AB}\boldsymbol{G}_{BA}^*(s)u_A + \pi_A\boldsymbol{Q}_{AB}\boldsymbol{G}_{BC}^*(s)u_C + \\ &\pi_C\boldsymbol{Q}_{CB}\boldsymbol{G}_{BA}^*(s)u_A + \pi_C\boldsymbol{Q}_{CB}\boldsymbol{G}_{BC}^*(s)u_C\end{aligned} \qquad (3.11)$$

$$f_C^*(s) = \pi_B\boldsymbol{Q}_{BC}\boldsymbol{G}_{CB}^*(s)u_B \qquad (3.12)$$

式中，π_A、π_B、π_C 是状态子集 A、B、C 的稳态概率。于是，可以得到

$$\boldsymbol{G}_{BA}^*(s) = (s\boldsymbol{I} - \boldsymbol{Q}_{BB})^{-1}\boldsymbol{Q}_{BA} \qquad (3.13)$$

$$\boldsymbol{G}_{BC}^*(s) = (s\boldsymbol{I} - \boldsymbol{Q}_{BB})^{-1}\boldsymbol{Q}_{BC} \qquad (3.14)$$

$$\boldsymbol{G}_{CB}^*(s) = (s\boldsymbol{I} - \boldsymbol{Q}_{CC})^{-1}\boldsymbol{Q}_{CB} \qquad (3.15)$$

式中，u_A、u_B、u_C 分别是具有 $|A|$、$|B|$、$|C|$ 个 1 的列矢量。

系统稳态概率 π_A、π_B、π_C 可以根据下面的方程组求出：

$$\begin{cases} [\pi_1, \pi_2, \pi_3, \pi_4]\boldsymbol{Q} = [0,0,0,0] \\ \pi_1 + \pi_2 + \pi_3 + \pi_4 = 1 \end{cases}$$

接下来，将所得的参数结果代入式（3.10）～式（3.12），对它们做反拉

普拉斯变换，可以得到 T_A、T_B、T_C 的概率密度函数 $f_A(t)$、$f_B(t)$、$f_C(t)$ 如下：

$$f_A(t) = \frac{\mathcal{L}^{-1} f_A^*(s)}{\int_0^\infty \mathcal{L}^{-1} f_A^*(s)\mathrm{d}t} \ , \ f_B(t) = \frac{\mathcal{L}^{-1} f_B^*(s)}{\int_0^\infty \mathcal{L}^{-1} f_B^*(s)\mathrm{d}t} \ ,$$

$$f_C(t) = \frac{\mathcal{L}^{-1} f_C^*(s)}{\int_0^\infty \mathcal{L}^{-1} f_C^*(s)\mathrm{d}t}$$

根据上式的结果，代回多态系统弹性指标的定义式(3.6)，再结合蒙特卡罗模拟方法，即可求得弹性指标 $\mathbb{R}_d$ 的累积概率分布函数。

3.3.3　数值算例

前面我们已经对多态系统进行了弹性建模并给出了系统的弹性指标 $\mathbb{R}_d$，而关于指标 $\mathbb{R}_d$ 的计算是结合了理论推导与蒙特卡罗模拟方法。本节将对此给出一个数值算例，从而解释弹性指标的计算并给出相应的计算结果。

给定一个马尔可夫过程 $\{X(t), t \geqslant 0\}$ 刻画多态系统，系统一共具有 4 个状态，即 $\{X(t), t \geqslant 0\}$ 的状态空间为 $S = \{1,2,3,4\}$，并且，将系统的状态空间划分为三类状态子集，记为 $S = A \cup B \cup C = \{1\} \cup \{2,3\} \cup \{4\}$。

假定系统在各个状态时性能取值为

$$q_1 = 1, q_2 = 0.6, q_3 = 0.4, q_4 = 0$$

那么，可以得到系统在三个状态子集的性能依次为

$$q_A = 1, q_B = \frac{0.6+0.4}{2} = 0.5, q_C = 0$$

对于马尔可夫过程 $\{X(t), t \geqslant 0\}$，其状态转移率矩阵为

$$\boldsymbol{Q} = \begin{bmatrix} -3 & 3 & 0 & 0 \\ 4 & -5 & 1 & 0 \\ 0 & 2 & -4 & 2 \\ 0 & 0 & 6 & -6 \end{bmatrix}$$

那么，式(3.7) 分块矩阵中的矩阵分别为

$$\boldsymbol{Q}_{AA} = [-3], \boldsymbol{Q}_{AB} = [3 \quad 0], \boldsymbol{Q}_{BA} = \begin{bmatrix} 4 \\ 0 \end{bmatrix}$$

$$\boldsymbol{Q}_{BB} = \begin{bmatrix} -5 & 1 \\ 2 & -4 \end{bmatrix}, \ \boldsymbol{Q}_{BC} = \begin{bmatrix} 0 \\ 2 \end{bmatrix}, \ \boldsymbol{Q}_{CB} = [0 \quad 6], \ \boldsymbol{Q}_{CC} = [-6]$$

下面计算系统的稳态概率 π_1、π_2、π_3、π_4，可以解如下的方程组：

$$\begin{cases} [\pi_1,\pi_2,\pi_3,\pi_4]\boldsymbol{Q}=[0,0,0,0], \\ \pi_1+\pi_2+\pi_3+\pi_4=1 \end{cases}$$

得到计算结果为

$$\pi_1=4/9,\pi_2=1/3,\pi_3=1/6,\pi_4=1/18$$

因此，得

$$\pi_A=\left[\frac{4}{9}\right],\pi_B=\left[\begin{array}{cc}\frac{1}{3}&\frac{1}{6}\end{array}\right],\pi_C=\left[\frac{1}{18}\right]$$

根据式（3.9）以及式（3.13）～式（3.15），可以计算得出 $G_{AB}^*(s)$、$G_{BA}^*(s)$、$G_{BC}^*(s)$ 和 $G_{CB}^*(s)$。将它们代入式（3.10）～式（3.12），就可以得到 $f_A^*(s)$、$f_B^*(s)$ 和 $f_C^*(s)$。

此外，有

$$u_A=[1],u_B=\begin{bmatrix}1\\1\end{bmatrix},u_C=[1]$$

于是，能够计算得出 T_A、T_B、T_C 的概率密度函数为

$$f_A(t)=3\mathrm{e}^{-3t},f_B(t)=\frac{12}{5}\mathrm{e}^{-3t}+\frac{6}{5}\mathrm{e}^{-6t},f_C(t)=6\mathrm{e}^{-6t}$$

之后，结合蒙特卡罗模拟方法，对于 T_A、T_B、T_C 运用以上推导得到的概率密度函数，都采用 10^4 的随机样本，最终计算得到式（3.6）中关于多态系统的新弹性指标 $\mathbb{R}_d$ 的累积概率分布函数，如图 3.5 所示。此外，还可以计算得到多态系统的新弹性指标 $\mathbb{R}_d$ 这个随机变量的均值和方差分别为：$\overline{\mathbb{R}_d}=0.39$，$\hat{\sigma}=0.27$。

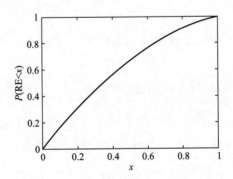

图 3.5　多态系统的新弹性指标 $\mathbb{R}_d$ 的累积概率分布函数

x—弹性阈值，　0< x< 1，反映用户对弹性值的要求；

P—弹性（RE）小于 x 的概率

3.4 两类具体多态系统弹性建模

前面的内容针对一般化的多态系统进行了弹性建模与分析。在本节中，将以两类具体的多态系统为例，简要介绍两类系统弹性建模的技术途径与方案。

3.4.1 基于负载-容量模型的多态系统弹性分析

基于负载-容量模型的多态系统是工程中常见的一类多态可修系统模型，其中，系统的行为是由负载与容量之间的相对关系决定的：当负载超过容量时，系统性能逐渐降级；当负载卸去时，系统性能逐渐恢复正常。

下面以一个实际复杂工程系统——某网络功能虚拟化（NFV）通信原型系统为例，对所提出的基于负载-容量模型的多态系统弹性建模与分析进行应用研究。该系统基于虚拟化技术实现现有技术条件下由硬件设备实现的通信功能，具有很高的可靠性与可扩展性。由于该系统采用了虚拟化硬件技术，其性能主要受到负载（用户数量）的影响。当负载超过系统目前的功能时，能够自动配置系统资源，增加系统的容量，以实现系统性能的快速恢复。

基于前面建立的共性方法，针对网络功能虚拟化通信原型系统，这一基于负载-容量模型的多态系统，可以采取如下的技术路径与方案，对系统进行弹性建模与分析。

（1）通过状态聚合，构建聚合随机过程描述系统状态变化

假设系统的容量与负载分别以状态离散、时间连续的随机过程 $\{C(t),t\geq 0\}$、$\{L(t),t\geq 0\}$ 来表示。为了说明的方便，本项目假定容量与负载两个随机变量的状态空间都各有两个状态，分别记为 $S_{C(t)}=\{c_{高},c_{低}\}$，$S_{L(t)}=\{l_{高},l_{低}\}$。根据容量与负载的组合情况，可以共产生 4 种组合状态，分别记为：

$$s_1=\{C(t)=c_{高},L(t)=l_{低}\},s_2=\{C(t)=c_{高},L(t)=l_{高}\}$$
$$s_3=\{C(t)=c_{低},L(t)=l_{低}\},s_4=\{C(t)=c_{低},L(t)=l_{高}\}$$

则用随机过程 $\{X(t),t\geq 0\}$ 描述系统的运行情况，其状态空间为 $S=\{s_1,s_2,s_3,s_4\}$。

通过系统运行逻辑分析，可以进行状态聚合，遵循以下规则：

$J_1 = \{s_1\}$，$J_2 = \{s_2, s_3\}$，$J_3 = \{s_4\}$，从而得到描述系统状态变化的新的随机过程$\{X^{aggr}(t), t \geqslant 0\}$，即聚合随机过程，其状态空间为$S^{aggr} = \{J_1, J_2, J_3\}$。聚合随机过程的状态$J_1$表示系统处于功能完好状态；状态$J_2$表示系统处于弹性状态或功能降级状态；状态$J_3$表示系统处于丧失功能状态。描述系统的原随机过程与聚合随机过程的运行轨迹如图3.6所示。

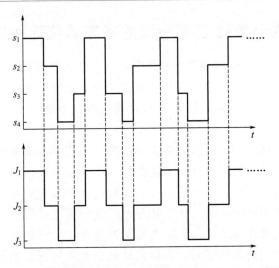

图3.6 描述系统的原随机过程与聚合随机过程的运行轨迹

（2）计算各状态停留时间

基于原随机过程$\{X(t), t \geqslant 0\}$的相关信息，推导描述系统状态的聚合随机过程$\{X^{aggr}(t), t \geqslant 0\}$在各状态停留时间的概率分布，即确定式(3.6)中的T_i，$1 \leqslant i \leqslant n$的概率分布。需要应用离子通道建模理论中的聚合随机过程理论来解决这一问题。

（3）计算基于负载-容量模型的多态系统弹性指标

在计算得到的T_i，$1 \leqslant i \leqslant n$的概率分布的基础上，依据式(3.6)，给出基于负载-容量模型的多态系统弹性指标计算方法。

（4）弹性影响因素分析

应用多态系统弹性影响因素分析方法，考虑基于负载-容量模型的多态系统的具体特点，分析确定基于负载-容量模型的多态系统弹性的主要影响因素，并给出提升该系统弹性的最优方案。

综上，对于该系统的弹性建模与分析实施步骤如图 3.7 所示。

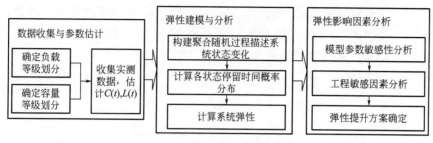

图 3.7 某网络功能虚拟化通信原型系统弹性建模与分析实施步骤

3.4.2 恢复时间可忽略的多态系统弹性分析

恢复时间可忽略的多态系统是工程中常见的一类多态可修系统模型，其中，当系统状态发生降级时，则系统处于降级态，表示系统具有可恢复的弹性特征。如果恢复时间短于某一阈值，用户不会感觉到系统状态的变化，因此，可以忽略系统状态的这一次变化。

下面以一个实际复杂工程系统——某双活云数据中心为例，对所提出的恢复时间可忽略的多态系统弹性建模与分析进行应用研究。双活云数据中心的显著特点是两个数据中心同时运行、互为备份，同时通过云计算技术实时共享服务资源。当数据中心发生性能降级时，如果能够在短时间内恢复，则访问数据中心的用户并不会感觉到降级的存在，因此，可以忽略这一降级状态。而双活云数据中心实时共享服务资源的特点，大大提高了系统的快速恢复能力，从而提高了系统的弹性。

基于前面建立的共性方法，针对双活云数据中心，这一恢复时间可忽略的多态系统可以采取如下的技术路径与方案对系统进行弹性建模与分析。

（1）通过状态聚合，构建聚合随机过程描述系统状态变化

根据恢复时间可忽略的多态可修系统的特点，通过状态聚合，构建聚合随机过程描述系统状态的变化。对于此类系统，如果恢复时间短于给定的阈值，则认为系统的性能降级状态可以忽略。因此，拟采用如图 3.8 所示的方法，对系统状态进行聚合，以描述系统状态的变化规律。

这里，出于说明简单的需要，此处仅假设系统具有三类状态（即性

能完好状态 S_1、系统弹性状态 S_2 以及功能丧失状态 S_3)来示意拟采用的状态聚合方法。若系统在弹性状态 S_2 停留的时间(即为恢复时间)小于给定的阈值 τ,那么用户体验或观测时不能辨识出该状态的存在,即恢复时间可忽略,从而观测到的系统具有三类新的状态 S_1^{aggr}、S_2^{aggr}、S_3^{aggr},即为聚合随机过程的状态空间。

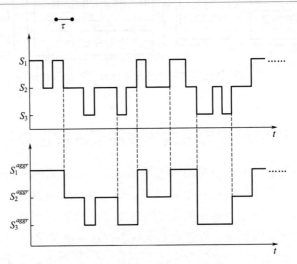

图 3.8　恢复时间可忽略的多态可修系统聚合原理示意

(2)计算各状态停留时间

基于原随机过程 $\{X(t),t\geqslant 0\}$ 的相关信息,推导状态聚合后,描述系统状态的聚合随机过程 $\{X^{aggr}(t),t\geqslant 0\}$ 在各状态停留时间的概率分布,即确定式(3.6)中的 T_i,$1\leqslant i\leqslant n$ 的概率分布,其中需要应用离子通道建模理论中的聚合随机过程理论。

(3)计算恢复时间可忽略的多态系统弹性指标

在计算得到的 T_i,$1\leqslant i\leqslant n$ 的概率分布的基础上,按照式(3.6),给出基于负载-容量模型的多态系统弹性指标计算方法。

(4)弹性影响因素分析

应用多态可修系统弹性影响因素分析方法,考虑恢复时间可忽略的多态系统的具体特点,分析确定恢复时间可忽略的多态系统弹性的主要影响因素,并给出提升该系统弹性的最优方案。

综上,对于某双活云数据中心的弹性建模与分析实施步骤如图 3.9 所示。

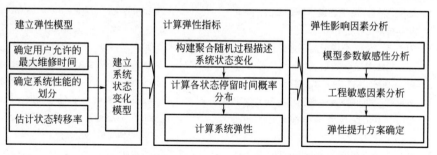

图 3.9　某双活云数据中心弹性建模与分析实施步骤

参考文献

[1]　Lisnianski A, Levitin G. Multi-state system reliability, assessment, optimization and application [M] . Singapore: World Scientific Publishing, 2003.

[2]　李春洋. 基于多态系统理论的可靠性分析与优化设计方法研究[M]. 长沙: 国防科技大学, 2001.

[3]　刘宇. 多状态复杂系统可靠性建模及维修决策[D]. 成都: 电子科技大学, 2011.

[4]　Zio E. Reliability engineering: old problems and new challenges[J]. Reliability Engineer & System Safety, 2009, 94 (2): 125-141.

[5]　Der Kiureghian A, Ditlevsen O D, Song J. Availability, reliability and downtime of systems with repairable components[J]. Reliability Engineering & System Safety, 2007, 92 (2): 231-242.

[6]　Moghaddass R, Zuo M J, Qu J. Reliability and availability analysis of a repairable k-out-of-n: G system with R repair-men subject to shut-off rules [J]. IEEE Transactions on Reliability, 2011, 60 (3): 658-666.

[7]　Cekyay B, Özekici S. Reliability, MTTF and steady-state availability analysis of systems with exponential lifetimes [J]. Applied Mathematical Modelling, 2015, 39 (1): 284-296.

[8]　Colquhoun D, Hawkes A G. Relaxation and fluctuations of membrane currents that flow through drug-operated channels[J]. Proceedings of the Royal Society of London-Biological Sciences, 1977, 199 (1135): 231-262.

[9]　Colquhoun D, Hawkes A G. On the stochastic properties of bursts of single ion channel openings and of clusters of bursts [J]. Philosophical Transactions of the Royal Society of London. Series B: Biological Sciences, 1982, 300 (1098): 1-59.

[10]　杨宝峰. 离子通道药理学[M]. 北京: 人民

卫生出版社，2005.

[11] 李泱，程芮.离子通道学[M].武汉：湖北科学技术出版社，2007.

[12] 刘向明.PC12细胞钾离子通道门控动力学随机建模与参数估计[J].生物数学学报，1998，13（3）：372-376.

[13] 方积乾，刘向明.离子通道门控动力学研究[J].中山医科大学学报，1999，20（1）：9-11.

[14] 向绪言.离子通道Markov模型的Q矩阵确定与生物神经网络的学习[D].长沙：湖南师范大学，2007.

[15] Hawkes A G, Jalali A, Colquhoun D. The distributions of the apparent open times and shut times in a single channel record when brief events cannot be detected[J]. Philosophical Transactions of the Royal Society of London Series A, 1990（332）：511-538.

[16] Hawkes A G, Jalali A, Colquhoun D. Asymptotic distributions of apparent open times and shut times in a single channel record allowing for the omission of brief currents[J]. Philosophical Transactions of the Royal Society of London Series B, 1992（337）：383-404.

[17] Colquhoun D, Hawkes A G, Srodzinski K. Joint distributions of apparent open and shut times of single-ion channels and maximum likelihood fitting of mechanisms[J]. Philosophical Transactions of the Royal Society of London Series A, 1996（354）：2555-2590.

[18] Stadje W. The evolution of aggregated Markov chains[J]. Statistics & Probability Letters, 2005, 74（4）：303-311.

[19] 冯海林.网络系统中可靠性问题的研究[D].西安：西安电子科技大学，2004.

[20] 郭永基.可靠性工程原理[M].北京：清华大学出版社，施普林格出版社，2002.

[21] Ball F, Milne R K, Yeo G F. Stochastic models for systems of interacting ion channels [J]. Mathematical Medicine and Biology: A Journal of the IMA, 2000, 17（3）：263-293.

[22] Jalali A, Hawkes A G. Generalised eigen problems arising in aggregated Markov processed allowing for time interval omission[J]. Advances in Applied Probability, 1992, 24（2）：302-321.

[23] Merlushkin A, Hawkes A G. Stochastic behavior of ion channels in varying conditions [J]. Mathematical Medicine and Biology: A Journal of the IMA, 1996, 14: 1-26.

[24] Zheng Z H, Cui L R, Hawkes A G. A study on a single-unit Markov repairable system with repair time omission[J]. IEEE Transactions on Reliability, 2006, 55（2）：182-188.

[25] Bao X Z, Cui L R. An analysis of availability for series Markov repairable system with neglected or delayed failures [J]. IEEE Transactions on Reliability, 2010, 59（4）：734-743.

[26] 王丽英.状态聚合可修系统建模与可靠性分析[D].北京：北京理工大学，2011.

[27] Liu B L, Cui L R, Wen Y Q, et al. A performance measure for Markov system with stochastic supply patterns and stochastic demand patterns[J]. Reliability Engineering & System Safety, 2013, 119: 294-299.

[28] Hawkes A G, Cui L R, Zheng Z H. Modeling the evolution of system reliability performance under alternative environments [J]. IIE Transactions, 2011, 43（11）：761-772.

[29] Cui L R, Li H J, Li J L. Markov repairable systems with history-dependent up and down states [J]. Stochastic Models, 2007, 23（4）：665-681.

[30] Wang L Y, Cui L R. Aggregated semi-Markov repairable systems with history-dependent up and down states[J]. Mathematical and Computer Modelling, 2011, 53(5-6): 883-895.

[31] Wang L Y, Cui L R. Performance evaluation of aggregated Markov repairable systems with multi-operating levels[J]. Asia-Pacific Journal of Operational Research, 2013, 30(4): 135003: 1-27.

[32] Cui L R, Du S J, Hawkes A G. A study on a single-unit repairable system with state aggregations[J]. IIE Transactions, 2012, 44(11): 1022-1032.

[33] Cui L R, Du S J, Zhang A. Reliability measures for two-part partition of states for aggregated Markov repairable systems[J]. Annals of Operations Research, 2014, 212(1): 93-114.

[34] Du S J, Zeng Z, Cui L R, et al. Reliability analysis of Markov history-dependent repairable systems with neglected failures[J]. Reliability Engineering & System Safety, 2017, 159: 134-142.

[35] 张波, 商豪. 应用随机过程[M]. 北京: 中国人民大学出版社, 2009.

[36] Ross S M. Stochastic processes[M]. New York: John Wiley & Sons Inc, 1996.

[37] 曹晋华, 程侃. 可靠性数学引论[M]. 北京: 高等教育出版社, 2006.

[38] Bruneau M, Chang S E, Eguchi R T, et al. A framework to quantitatively assess and enhance the seismic resilience of communities[J]. Earthquake Spectra, 2003, 19(4): 733-752.

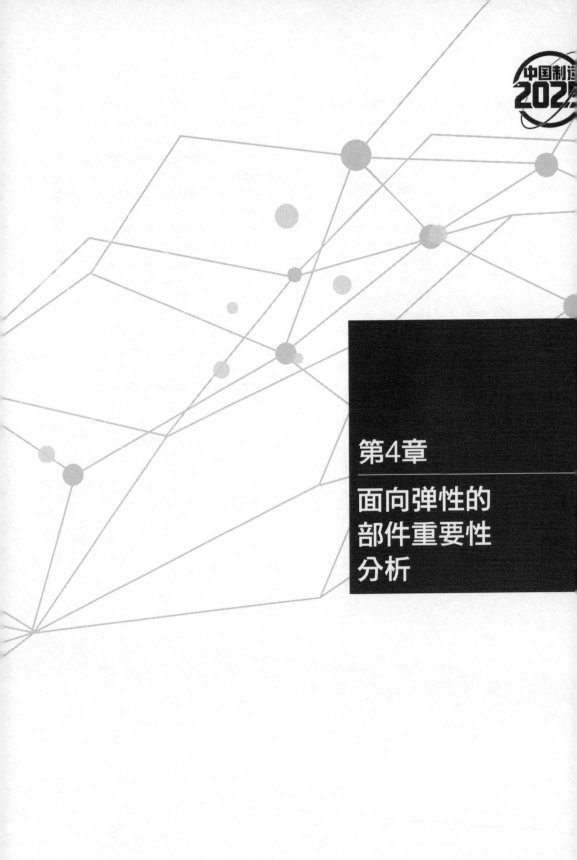

第4章

面向弹性的
部件重要性
分析

4.1 研究背景

考虑到不同部件在系统弹性中具有不同的作用，在对复杂系统的弹性进行规划和设计时，将有限的资源分配给对系统弹性有显著影响的部件是十分重要的。因此，对复杂系统弹性的设计应考虑部件状态的变化对系统性能的影响，即重要性度量[1,2]。根据部件重要性度量结果，可按其对系统弹性影响的大小进行排序，分析系统对于扰动的敏感性，进而帮助提升系统的安全性和可用性[3]。

一般来说，部件重要性的研究主要在可靠性领域中，根据系统结构、部件可靠性/寿命分布等信息，评估系统中单个部件的相对重要性[2]。Birnbaum（1968）[4]首次提出了重要性概念，他对二态系统（即系统只有两种状态：正常和故障）定义了三种重要性指标，即概率重要性、关键重要性和结构重要度。1982年，史定华教授在国内开展重要性分析研究，他提出了重要性的相关定义并提出了概率形式的关键重要性和概率重要性的计算方法。同时，史定华教授（1984）[5]还对单调关联系统中的部件重要性表示进行了改进，使传统的单调关联系统重要性也能适应于非单调关联系统中。曾亮等（1997）[6]结合国内外的研究成果，在二态系统重要性研究的基础上提出了多态系统的重要性分析方法。毕卫星等（2010）[7]提出了一种新的联合关键重要性，对系统组成部件之间的内在联系进行分析，并根据其关联性对部件的重要性进行分析。

此外，考虑到数据的不确定性，研究者又针对不确定重要性开展了研究。在考虑多状态的系统和部件的重要性分析的基础上，田宏等（2000）[8]对具有模糊性的工程数据进行分析，提出了多态系统的不确定重要性。Zio等（2003）[9]在重要性分析中使用了蒙特卡罗仿真方法，利用系统性能的随机性来仿真得到系统或组件的状态概率，对多状态系统的部件状态和系统性能状态之间的关系进行分析，并成功地在核反应堆保护系统中应用了该仿真方法。Borgonovo（2007）[10]结合了重要性分析方法和全局灵敏度分析方法，重新对不确定重要性进行了定义，为系统安全评估提供了一个全面的分析和评价指标。姚成玉等（2011）[11]提出了一种基于模糊规则的重要性测度，并根据三种典型规则定义了三种重要性。Song等（2012）[12]根据Borgonovo提出的重要性评估方法改善了数据处理过程中的不确定性。

总的来说，国内外在针对重要性分析研究方面，研究对象逐渐从二态系统扩展到多态系统，研究内容从精确到模糊，并且开始注意考虑部件之间的一些相互作用。但是上述这些研究都是在系统结构和可靠性相关特征数据的基础上开展的，针对弹性的重要性研究尚不多见。在这方面 Whitson 和 Ramirez-Marquez（2009）[13] 定义了 I 类弹性作为重要性度量，用于度量系统在规定时间内，由于外部原因（如人为攻击、自然灾难等）导致部件故障的情况下，系统完成其规定功能的概率。与基于可靠性的重要性概念相比较，其区别主要是故障来源，基于可靠性的重要性中部件故障来源于内部耗损，而 Whitson 和 Ramirez-Marquez 定义的 I 类弹性中，导致部件故障的原因则来源于外部的人为或自然事件，这一度量关注了系统能否抵御扰动的能力。Barker 等（2013）[14] 在此基础上又定义了两个新的部件重要性指标：一个反映了部件在给定时间受到给定扰动的情况下对系统弹性造成的不利影响，同时考虑了部件性能损失和性能恢复；另一个则反映了如果这个部件受到保护，扰动情况下不产生性能降级，对系统恢复时间能带来的有利影响。从上述研究可知，基于弹性的部件重要性研究尚处于起步阶段，仅考虑了与弹性相关的性能损失、恢复时间单个方面或组合的因素，却没有考虑弹性度量整体。

本章从弹性力学的角度提出了基于性能降级和恢复时间上限的弹性度量，并在此基础上定义了三种基于弹性的重要性定义，用于表征部件与系统之间的弹性关系。根据本章的重要性分析方法，可以定量地对系统组成部件对系统整体弹性的影响程度进行分析，能够有效地确定系统中的薄弱环节，从而高效地改善和提高系统在发生故障时表现出的弹性[15-17]。

4.2　弹性度量

在弹性力学中，有一个"弹性极限"的概念，如果系统受力在弹性极限范围内，则在外力撤除后，可以恢复原有状态；反之，如果系统受力超过弹性极限，则无法恢复。类似地，在系统故障的研究中，也存在性能降级和恢复时间阈值的情况。这里，我们提出弹性极限的定义，并以此为基础定义了考虑塑性的系统弹性度量。

4.2.1　系统弹性极限和塑性行为

借鉴 Li 和 Lence（2007）[18] 对系统鲁棒性和恢复性阈值的定义，这里我们首先定义弹性极限如下。

定义 4.1　系统的弹性极限 K 为扰动后能使系统自主恢复到正常工作状态的性能降级上限 X^* 和可接受的恢复时间上限 T^*。

系统的弹性极限可作为系统受扰动后所处状态的判别。按照弹性极限的定义，当且仅当下列两个条件同时满足时系统具有弹性：①扰动发生时系统的最大性能损失 X 小于性能损失阈值 X^*；②系统恢复至正常工作水平所需的时间 T 小于 T^*。反之，如果扰动发生后系统的最大性能损失 X 大于 X^*，或者系统恢复至正常工作水平所需的时间 T 大于 T^*，这时系统不能在规定时间内自主恢复到正常工作状态，而需要引入系统外部因素来进行恢复，此时系统表现为塑性。

定义 4.2　系统的塑性状态 P 为系统性能在规定时间 T^* 内未能自主恢复到正常工作水平 Q_0 的状态。

在实际应用和研究中，系统塑性的表现形式可能是多种多样的，其既可以表征系统自身的恢复能力不足，也可以作为一种主动的弹性策略，从而尽量减轻系统在故障发生后造成的损失。

下面用云计算平台为例，解释弹性和塑性的区别。例如，一个服务器遭到 DDoS 攻击时，可能会影响正常请求的响应时间，若此时攻击没有超出服务器的带宽，服务器可以通过拒绝非法流量来减轻其影响，恢复正常的服务水平，则系统表现为弹性；若恶意的服务器请求数量过多，造成带宽资源耗尽，服务器就会发生宕机，此时系统进入塑性状态，需要额外投入资源来进行恢复[19]。某些情况下，塑性也可作为一种主动降级策略，在系统受到扰动时，自动削减部分功能或降低自身性能以限制扰动对系统产生的影响，维持系统结构的稳定和基本业务的正常或低水平运营，从而避免系统大规模灾难性故障的发生，同时为故障定位和诊断以及维修争取时间。例如，在移动通信网络中，如果一个通信基站受扰动发生故障，则网络节点减少，该网络难以同时支持附近地区正常的通话和数据业务流量。此时供应商会对数据、短信等非保障型业务进行限制，防止业务流量超过负载引发大范围流量拥塞进而威胁基本的通话业务。这种主动降级策略在互联网中更加常见，如在线零售商亚马逊的云服务。这是由于在遇到故障时，通常情况下维持云服务的降级运行要优于整体服务的中断。

根据弹性极限的定义，可将系统在故障发生后表现出的弹性和塑性状态大致分为四种情况，如图 4.1 所示。其中，图 4.1(a) 中，系统的最大性能损失 X 未超出 X^*，且系统恢复时间 T 在可接受的恢复时间 T^* 的范围内，系统受扰动后处于弹性状态；图 4.1(b)～(d) 是系统扰动后处于塑性状态的三种可能情况，其中图 4.1(b) 是恢复时间 T 超出阈值

T^{*}，图 4.1(c) 是最大性能损失 X 超出阈值 X^{*}，图 4.1(d) 是系统的最大性能损失和恢复时间均超出各自阈值的情况。

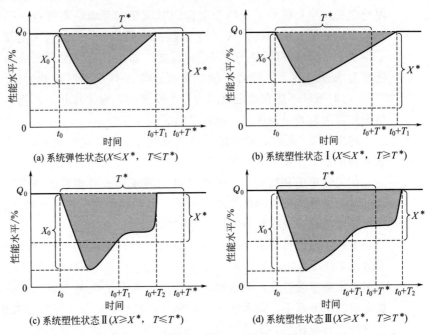

(a) 系统弹性状态($X \leqslant X^{*}$，$T \leqslant T^{*}$)　　(b) 系统塑性状态 I ($X \leqslant X^{*}$，$T \geqslant T^{*}$)

(c) 系统塑性状态 II ($X \geqslant X^{*}$，$T \leqslant T^{*}$)　　(d) 系统塑性状态 III ($X \geqslant X^{*}$，$T \geqslant T^{*}$)

图 4.1　系统受扰动后的弹性和塑性状态

4.2.2　考虑塑性的系统弹性度量

为准确描述系统的弹性行为，我们在弹性极限和系统塑性概念的基础上定义了系统弹性。相对于之前的弹性概念，考虑系统塑性的系统弹性不仅仅关注系统在扰动发生后造成的性能损失和恢复时间，还要关注最大性能降级和恢复时间是否超出了阈值 X^{*} 和 T^{*}。

这里，我们将系统弹性定义如下。

定义 4.3　系统弹性为系统在扰动发生后，能够承受一定的性能降级，并且能够在规定的时间内和规定的条件下自主恢复或维修至正常工作水平的一种内在能力。

针对 4.2.1 节给出的系统在扰动发生后可能表现的四种弹性或塑性的状态（图 4.1），考虑到系统性能损失和恢复时间的不同，系统弹性 $\mathbb{R}_{P}$ 可计算如下：

$$\mathbb{R}_P = \begin{cases} \exp\left(-\dfrac{\int_{t_0}^{t_0+T_1} Q(t)\,\mathrm{d}t}{Q_0 T^*}\right), X \leqslant X^* \\[4mm] \exp\left(-\dfrac{\int_{t_0}^{t_0+T_2} Q(t)\,\mathrm{d}t}{Q_0 T^*}\right), X > X^* \end{cases} \tag{4.1}$$

式中，Q_0 为系统正常情况下的性能值；X 和 X^* 分别为系统在扰动发生后的最大性能损失以及性能损失阈值；T^* 为系统可接受的恢复时间上限；T_1 和 T_2 分别为系统自主恢复时间和引入外部修复的恢复时间。

式(4.1) 中第一个式子用于计算出现系统的最大性能损失 X 未超出 X^* 时系统的弹性，对应于图 4.1(a)、(b)；第二个式子则用于计算系统的最大性能损失 X 超出 X^* 系统的弹性，对应于图 4.1(c)、(d)。通过指数运算，我们把弹性值限定到了 0 和 1 之间。显然，若在扰动发生后的 T^* 时间内系统未能完全恢复到正常工作状态，则其弹性值会相对较小。系统弹性值越大，说明该系统的弹性策略越好，容忍外界干扰以及从事件中恢复的能力越强，系统恢复时间大于可接受时间阈值的概率也越小；反之，则说明该系统的弹性策略失败，不能及时有效地减轻可能发生的事件给系统性能带来的影响，此时需要对系统的弹性策略进行调整或重新设计。

为了详细阐述本文提出的考虑塑性的系统弹性评估方法，这里我们给出两个弹性计算的例子。

示例 1： 在图 4.2 所示系统中，系统在扰动后的性能降级和恢复过程呈现出阶梯状变化的弹性和塑性过程。这里，性能降级和系统恢复的变化都是瞬间完成的，系统的恢复过程明显地划分为两个阶段。系统相关参数见表 4.1。根据式(4.1)，我们对该系统弹性进行如下评估：

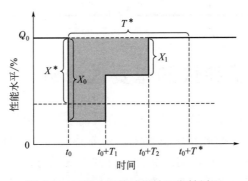

图 4.2　示例 1 系统的弹性和塑性过程

$$\mathbb{R}_P = \exp\left(-\frac{T_1 X_0 + (T_2 - T_1) X_1}{Q_0 T^*}\right) = 0.6538$$

表 4.1　示例 1 系统相关参数

参数	X^*	Q_0	X_0	X_1	T^*	t_0	T_1	T_2
数值	0.6	1	0.8	0.35	1	0.2	0.4	0.7

示例 2：在图 4.3 所示系统中，系统受扰动后性能降级和恢复过程呈折线形连续变化。这里，系统的恢复过程也是明显地划分为两个阶段，前一个阶段为系统自主恢复过程，后一个阶段为引入人工维修后的恢复过程。系统相关参数如表 4.2 所示。根据式(4.1)，我们对该系统弹性进行如下评估：

$$\mathbb{R}_P = \exp\left(-\frac{X_0 T_1 + X_1 T_2}{2 Q_0 T^*}\right) = 0.6839$$

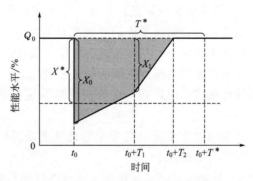

图 4.3　示例 2 系统的弹性和塑性过程

表 4.2　示例 2 系统相关参数

参数	X^*	Q_0	X_0	X_1	T^*	t_0	T_1	T_2
数值	0.6	1	0.8	0.5	1	0.2	0.45	0.8

4.3　基于弹性的重要性分析

系统的弹性设计与分析中，我们不仅仅要评价系统面对可能遭受的扰动行为的抵御和恢复水平，还要关注部件、结构对系统弹性的影响。找到对系统弹性影响最大的部件并对其进行改进设计，可有效提高整个系统的弹性水平。在 4.1 节所述研究现状的基础上，这里我们提出了结构弹性重要度、冗余弹性重要度和保护弹性重要度三种弹性重要性指标。

4.3.1　重要性指标定义

（1）基于弹性的结构重要性

基于弹性的结构重要性的度量指标是基于弹性的结构重要度，其定义如下。

定义 4.4　基于弹性的结构重要度是部件对系统整体弹性的影响程度。

系统中部件 i 的结构重要度 CIS_i 可表示为：

$$CIS_i = \frac{1}{n-1} \sum_{j=1, j \neq i}^{n} \frac{\mathbb{R}_P(j, W_i=1) - \mathbb{R}_P(j, W_i=0)}{\mathbb{R}_P(j, W_i=1)} \tag{4.2}$$

式中，n 是系统中的部件数；W_i 为部件 i 的工作状态，$W_i = \begin{cases} 0, & \text{部件 } i \text{ 故障} \\ 1, & \text{部件 } i \text{ 正常} \end{cases}$；$\mathbb{R}_P(j, W_i=1)$ 和 $\mathbb{R}_P(j, W_i=0)$ 分别为系统在部件 i 正常工作和发生故障的情况下，部件 j 受到干扰或攻击时系统的弹性，其计算公式如下：

$$\mathbb{R}_P(j, W_i=\omega) = \int_0^{m_j} \mathbb{R}_P(s_j=x \mid C_j, W_i=\omega) f_{s_j}(x) \mathrm{d}x \tag{4.3}$$

式中，m_j 为部件 j 所有可能的状态总数；$\mathbb{R}_P(s_j=x \mid C_j, W_i=\omega)$ 为在部件 i 处于 ω 状态（$\omega=0$ 或 1）下，部件 j 由正常工作状态 C_j 转入任一状态 x 时系统的弹性，可由式(4.1) 计算；$f_{s_j}(x)$ 为部件 j 由正常工作状态转入状态 x 的概率密度函数。

由此可知，基于弹性的结构重要度是度量在部件 i 分别处于正常工作和故障的状态下（图 4.4），其他部件受到扰动时系统弹性的差异。部件 i 的结构弹性重要度越大，说明部件 i 对系统弹性的影响越大，因此应

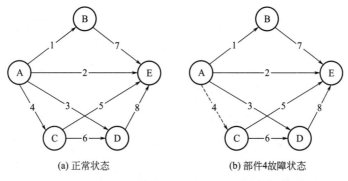

(a) 正常状态　　　　　　　　　　(b) 部件4故障状态

图 4.4　基于弹性的结构重要性分析中部件正常和故障状态示意

对该部件 i 给予更多的资源和维修等级，以更好地保证复杂系统的服务连续性和服务质量。利用基于弹性的结构重要度，可以针对部件发生故障前后系统在不同程度的外界干扰或内部故障影响下的弹性过程进行分析，进而研究部件对于系统弹性的重要程度。

（2）基于弹性的冗余重要性

基于弹性的冗余重要性的度量指标是基于弹性的冗余重要度，其定义如下。

定义 4.5　基于弹性的冗余重要度是部件冗余对系统弹性改进的影响程度。

系统中部件 i 的冗余重要度 CIR_i 可表示为：

$$CIR_i = \int_0^{m_i} \left[\frac{\mathbb{R}_P(s_i = x \mid C_i, B_i = 1)}{\mathbb{R}_P(s_i = x \mid C_i, B_i = 0)} - 1 \right] f_{s_i}(x)\,\mathrm{d}x \qquad (4.4)$$

式中，B_i 为部件 i 的备份状态，$B_i = \begin{cases} 0, & \text{无备份} \\ 1, & \text{有备份} \end{cases}$；$\mathbb{R}_P(s_i = x \mid C_i, B_i = 1)$ 和 $\mathbb{R}_P(s_i = x \mid C_i, B_i = 0)$ 分别表示部件 i 在有备份和没有备份的情况下，由正常工作状态 C_i 转入状态 x 时系统的弹性。

由此可知，基于弹性的冗余重要度是度量部件 i 分别在增加备份后和没有备份的情况下（图 4.5），系统受到扰动后表现出的弹性差异。基于弹性的冗余重要性分析可从为某个部件增加同样能力和性质的备份的角度来探索对系统弹性的最佳改进办法：部件 i 的冗余度值越大，说明为部件 i 提供备份所带来的系统弹性收益越大，系统在受到干扰或攻击时能表现出的弹性越好。

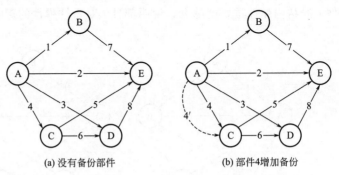

(a) 没有备份部件　　　　　　　　(b) 部件4增加备份

图 4.5　基于弹性的冗余重要性分析中部件有无备份状态示意

（3）基于弹性的部件保护重要性

基于弹性的部件保护重要性的度量指标是基于弹性的部件保护重要

度，其定义如下。

定义 4.6 基于弹性的部件保护重要度是提升部件的弹性极限对于系统整体弹性改进的影响程度。

系统中部件 i 的保护重要度 CIP_i 可表示为：

$$CIP_i = \int_0^{m_i} \left[\frac{\mathbb{R}_P(s_i = x \mid C_i, X_i^* \to \infty)}{\mathbb{R}_P(s_i = x \mid C_i)} - 1 \right] f_{s_i}(x) \mathrm{d}x \qquad (4.5)$$

式中，X_i^* 为部件 i 能够承受的最大性能损失，$X_i^* \to \infty$ 表示部件 i 不存在损失阈值，不会因承受扰动过大而不能自主恢复；$\mathbb{R}_P(s_i = x \mid C_i, X_i^* \to \infty)$ 表示没有损失阈值的部件 i 由正常工作状态 C_i 转入任一状态 x 时系统的弹性。

由此可知，基于弹性的部件保护重要度是度量部件 i 分别在增加保护后和没有保护的情况下（图 4.6）系统在扰动发生后表现出的整体弹性的差异。基于弹性的部件保护重要性分析可从提升部件承受冲击能力的角度来探索对系统弹性的最佳改进办法：部件 i 的基于弹性的部件保护重要度越大，说明在为部件 i 提供保护时，相对于其他部件能带来更好的弹性收益，即系统抵抗冲击、减小影响和灾后恢复的能力更强。基于弹性的部件保护重要性分析旨在找到系统弹性中的薄弱环节，并为其提供一定程度的保护，减少外界干扰或内部故障对该部件的冲击，进而减少扰动发生时对系统弹性的影响。

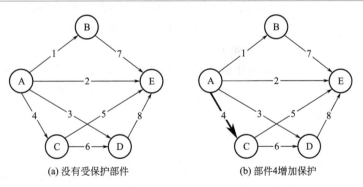

(a) 没有受保护部件　　　　　　　(b) 部件4增加保护

图 4.6　部件保护重要性度量中部件的正常和保护状态示意

4.3.2　重要性分析方法

考虑到实际系统的复杂性以及外界攻击或扰动的随机性，我们往往难以得到部件从一个确定的状态转变到另一个确定状态的概率，因而也难以利用解析法计算系统各个部件的弹性重要度。这里，我们利用蒙特卡罗仿真来模拟不同程度的外界攻击或扰动对部件状态的影响，求取多次事件下系统弹性的平均值，进而近似地得到系统部件的重要度。

根据式(4.2)，利用蒙特卡罗方法来进行仿真和求解基于弹性的结构重要度 CIS_i 的公式为：

$$CIS_i = \frac{1}{n-1} \sum_{j=1, j \neq i}^{n} \frac{1}{m_j} \sum_{k=1}^{m_j} \frac{\mathbb{R}_P(e_j^k, W_i = 1) - \mathbb{R}_P(e_j^k, W_i = 0)}{\mathbb{R}_P(e_j^k, W_i = 1)}$$

$$(4.6)$$

式中，e_j^k 为部件 j 受到第 k 次扰动；m_j 为任务时间内部件 j 受到扰动的总次数。

类似地，我们可以得到基于弹性的冗余重要度 CIR_i 和基于弹性的部件保护重要度 CIP_i 如下：

$$CIR_i = \frac{1}{m_i} \sum_{k=1}^{m_i} \frac{\mathbb{R}_P(e_i^k \mid B_i = 1) - \mathbb{R}_P(e_i^k \mid B_i = 0)}{\mathbb{R}_P(e_i^k \mid B_i = 0)} \qquad (4.7)$$

和

$$CIP_i = \frac{1}{m_i} \sum_{k=1}^{m_i} \frac{\mathbb{R}_P(e_i^k \mid X_i^* \to \infty) - \mathbb{R}_P(e_i^k)}{\mathbb{R}_P(e_i^k)} \qquad (4.8)$$

基于上述三种弹性重要度的仿真计算公式，对于系统中的一个特定部件来说，每个弹性重要度测度都需要多次仿真来求取平均值，每次仿真均对应一个随机产生的扰动事件。据此，系统各部件的弹性重要度 CIX_i（CIS_i、CIR_i 或 CIP_i）的仿真流程如图4.7所示。

仿真过程整理如下。

步骤1：初始化载入系统中各个部件的特征数据，如初始性能 C_i、部件扰动强度、性能降级和恢复时间分布，以及系统弹性极限 X^* 和 T^* 等信息。

步骤2：若计算 CIS_i，令 $j=1$，模拟部件 j 受扰动后的系统行为，直到 $j=n$（$j \neq i$）；否则，进入步骤3。

步骤3：令 $k=1$，模拟第 k 次扰动后的系统行为，计算弹性。

a.根据扰动造成的性能降级分布和恢复时间分布抽样，确定本次扰动造成的部件性能降级和恢复过程。

b.正常情况下：计算本次扰动造成的系统性能降级和恢复过程。

c.根据重要性度量目标（若计算 CIS_i，使部件 i 故障；若计算 CIR_i，为部件 i 增加冗余；若计算 CIP_i，为部件 i 增加保护），再次计算本次扰动造成的系统性能降级和恢复过程。

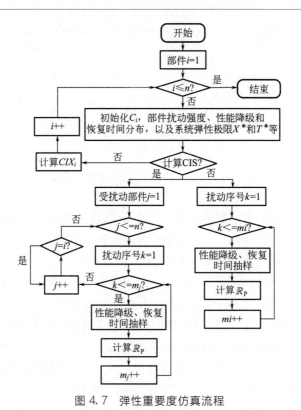

图 4.7 弹性重要度仿真流程

d. 根据式（4.1）计算本次仿真对应的弹性：若计算 CIS_i，则计算 $\mathbb{R}_\mathrm{P}(e_j^k)$；若计算 CIR_i 或 CIP_i，则计算 $\mathbb{R}_\mathrm{P}(e_i^k)$。

e. $k = k+1$，返回 a，直到 $k = m_j$ 或 m_i。

步骤 4：若计算 CIS_i，$j = j+1$，直到 $j = n$；否则，进入步骤 5。

步骤 5：根据式（4.6）~式（4.8）计算部件 i 对应的弹性重要度值。

4.4 案例

这里采用 Barker 等（2013）[14] 的一个简单网络案例（图 4.8）进行弹性重要性分析，计算该网络中每条链路的三种弹性重要度，对其重要度进行排序，并根据排序信息对系统的弹性设计和修复提出有效建议。

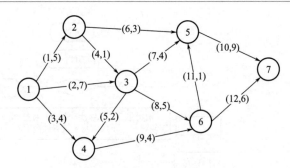

图 4.8   典型仿真网络案例

图 4.8 中的网络共有 7 个节点以及 12 条链路（图中括号内为链路序号 i 和初始容量 C_i），链路指向表示该链路中流量的流向，其中源节点和目的节点分别是节点 1 和节点 7。

假设扰动强度 d 服从区间（0,10）上的均匀分布，若扰动 d_i 造成的性能阈值损失小于该链路的性能损失阈值 X_i^*，则该链路表现出弹性，其性能损失 x_i 和恢复时间 t_i 为一个相对较小的与扰动 d_i 成正比的值；反之，若扰动 d_i 造成的性能阈值损失超出该链路的性能损失阈值 X_i^*，则该链路表现出塑性，其性能损失 x_i 是一个相对较大的定值（在此假设为该链路容量的 90%），恢复时间 t_i 即为该链路的平均维修时间 R_i。网络各条链路的详细信息如表 4.3 所示，其中包括链路的序号 i、初始容量 C_i、性能损失阈值 X_i^* 和平均维修时间 R_i。

表 4.3   案例网络链路详细信息

i	C_i	X_i^*	R_i	i	C_i	X_i^*	R_i
1	5	3.5	80	7	4	2.8	110
2	7	4.2	60	8	5	4.0	90
3	4	2.8	110	9	4	2.4	50
4	1	0.8	80	10	9	6.3	120
5	3	2.7	50	11	1	0.7	60
6	2	1.0	50	12	6	4.8	70

对整个网络系统而言，我们选用源节点和目的节点的最大流作为系统弹性的性能指标，根据网络组成部件的当前容量，则可计算得到网络最大流，以此作为弹性计算基础。按照 4.3.2 节中给出的仿真流程和方法，对该网络中每条链路各仿真 1000 次，求取每条链路的基于弹性的结构重要度、冗余重要度和部件保护重要度各自的平均值并对结果进行排序，其仿真和计算结果如表 4.4 所示。

表 4.4 基于三类指标的链路重要度排序

序号	链路序号	CIS_i	链路序号	CIR_i	链路序号	CIP_i
1	2	0.8831	10	0.3154	3	0.0805
2	10	0.5882	7	0.215	4	0.0701
3	12	0.5792	3	0.1466	7	0.0652
4	3	0.4687	1	0.1088	10	0.0577
5	1	0.3209	2	0.1025	8	0.0538
6	7	0.2737	6	0.1008	1	0.0475
7	9	0.2595	8	0.0837	11	0.0417
8	8	0.2443	9	0.0818	12	0.0332
9	5	0.2064	11	0.076	2	0.0289
10	11	0.0348	4	0.069	6	0.0288
11	4	0.0198	12	0.0582	9	0.0286
12	6	0.0103	5	0.0178	5	0.0171

根据表 4.4 中各条链路的重要度信息，可以看到分别从系统结构、设置部件冗余和设置部件保护三个角度对系统的弹性进行分析和评价时，得到的结果是不同的，三个参数分别从不同角度对系统弹性的设计和改进策略提供了参考。例如，在基于弹性的结构重要性和冗余重要性分析中，链路 2 和链路 10 的重要度最高；而在基于弹性的部件保护重要性分析中，链路 3 的重要度最高。因此，对复杂系统的弹性进行设计和规划时，需要结合实际情况，从一个方面或几个方面出发，考虑如何在有限的资源约束下最优地改善系统的弹性。

为了更直观地表示每条链路上的所受干扰强度、链路连接存在与否、设置链路备份以及设置链路保护对系统弹性的影响，我们在图 4.9～图 4.12 进行进一步分析。其中，图 4.9 分析了各条链路受到不同干扰强度时网络整体弹性的变化趋势，在扰动强度较小时，由于网络性能受到的影响较小，且持续时间较短，系统表现出较强的弹性；而在扰动强度持续增大并达到链路各自的损失阈值时，网络表现出的弹性均急剧下降并逐渐稳定在一个较低的水平。从图 4.9 中可以看出：损失阈值较小的链路，如链路 10 和链路 6，在面对外界干扰时更容易对网络弹性造成大的影响；而链路 5 和链路 12 由于其能够承受的损失阈值较大，相对于链路 10 和链路 6 往往较不容易在受到干扰后进入塑性状态，因而链路的损失阈值在网络整体弹性中扮演着重要角色。

图 4.10 反映了各个链路在故障和正常工作情况下对网络整体弹性的影响。由图 4.10 可以看出每条线的斜率不同，因而每个部件的故障对于网络整体弹性的影响程度是不同的。斜率越大，表示该条链路的故障对

网络整体弹性影响较大，反之亦然。

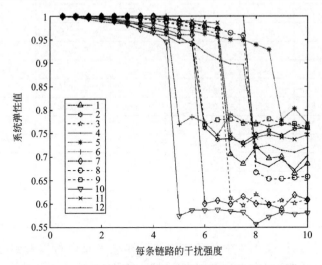

图 4.9　不同干扰强度下网络整体弹性变化（电子版）

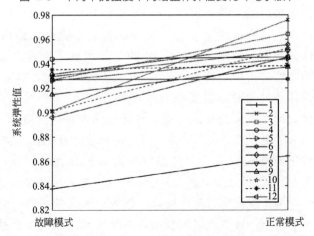

图 4.10　部件故障和正常工作下网络整体弹性变化（电子版）

图 4.11 是各条链路在设置备份前后网络受到干扰时弹性变化的曲线。由图 4.11 可以看到每条线都表现出上升的趋势，虽然每条链路在设置备份后均表现出明显更强的弹性，但其增强的程度并不相同，如链路 10 和链路 7 表现出更高的斜率，因而此时弹性增强的幅度更大，而链路 5 对应的弹性增加的幅度最小，因而选择链路 10 或链路 7 设置备份显然比链路 5 对系统弹性的积极影响更大。所以，在对网络中部件进行备份时必须考虑备份部件对整体系统弹性的贡献程度，优先选择在同等成本

下能带来更大的弹性利益的部件进行备份。

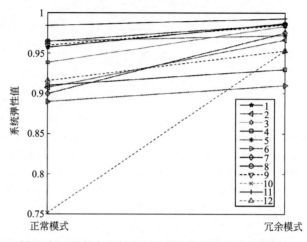

图 4.11　设置备份前后网络整体弹性变化（电子版）

　　图 4.12 是各条链路在设置保护前后受到干扰时网络弹性变化的曲线，该变化曲线表现出与图 4.11 相似的特征，网络弹性在每条链路增加保护后均有不同程度的提高，链路 3 和链路 4 在设置保护后对应的弹性增强更明显，而链路 5 和链路 9 对应的弹性几乎没有增强；相对于前者，选择对链路 5 和链路 9 进行保护显然意义不大。因而，选择网络的部件进行保护时，应尽量选择对网络弹性收益影响较大的部件，而对网络整体弹性影响较小的部件可给予较低的优先级。

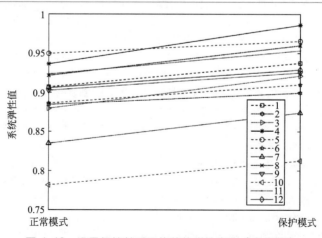

图 4.12　设置保护前后网络整体弹性变化（电子版）

参考文献

[1] Si S, Dui H, Zhao X, et al. Integrated importance measure of component states based on loss of system performance[J]. IEEE Transactions on Reliability, 2012, 61（1）: 192-202.

[2] Kuo W, Zhu X. Importance measures in reliability, risk, and optimization: principles and applications[M]. John Wiley & Sons, 2012.

[3] Andrews J D, Beeson S. Birnbaum's measure of component importance for noncoherent systems[J]. IEEE Transactions on Reliability, 2003, 52（2）: 213-219.

[4] Birnbaum Z W. On the importance of different components in a multicomponent system[R]. Washington Univ Seattle Lab of Statistical Research, 1968.

[5] 史定华. 单元的重要度及其计算[J]. 科学通报, 1984, 6（4）: 381-382.

[6] 曾亮, 郭欣. 多状态单调关联系统可靠性分析[J]. 质量与可靠性, 1997, 70（4）: 30-33.

[7] 毕卫星, 郭成宇. 提高重要度的兼容性算法——联合关键重要度[J]. 大连交通大学学报, 2010, 31（5）: 79-81, 85.

[8] 田宏, 吴穹. 多态系统可靠性及元素的不确定性重要度[J]. 东北大学学报: 自然科学版, 2000, 21（6）: 634-636.

[9] Zio E, Podofillini L. Monte Carlo simulation analysis of the effects of different system performance levels on the importance of multi-state components[J].

Reliability Engineering & System Safety, 2003, 82（1）: 63-73.

[10] Borgonovo E. A new uncertainty importance measure[J]. Reliability Engineering & System Safety, 2007, 92（6）: 771-784.

[11] 姚成玉, 张荧驿, 陈东宁,等. T-S 模糊重要度分析方法研究[J]. 机械工程学报, 2011, 47（12）: 163-169.

[12] Song S, Lu Z, Cui L. A generalized Borgonovo's importance measure for fuzzy input uncertainty[J]. Fuzzy Sets and Systems, 2012, 189（1）: 53-62.

[13] Whitson J C, Ramirez-Marquez J E. Resiliency as a component importance measure in network reliability[J]. Reliability Engineering & System Safety, 2009, 94（10）: 1685-1693.

[14] Barker K, Ramirez-Marquez J E, Rocco C M. Resilience-based network component importance measures [J]. Reliability Engineering & System Safety, 2013, 117: 89-97.

[15] 张奕博. 复杂系统弹性重要度分析方法[D]. 北京: 北京航空航天大学, 2017.

[16] Zhang Y, Kang R, Li R, et al. Resilience-based component importance measures for complex networks [C]. 2016 Prognostics and System Health Management Conference. Chengdu: IEEE, 2016: 1-6.

[17] Zhang Y, Kang R, Li R, et al. A Comprehensive Analysis Method for Sys-

tem Resilience Considering Plasticity [C]. 2016 International Conference on Industrial Engineering, Management Science and Application (ICIMSA). Jeju, South Korea: IEEE, 2016: 1-4.

[18] Li Y, Lence B J. Estimating resilience for water resources systems[J]. Water Resources Research, 2007, 43 （7）: 1-11.

[19] Thenmozhi R, Karthikeyan P, Vijaya-kumar V, et al. Backtracking perform-ance analysis of Internet protocol for DDoS flooding detection[C]. 2015 Inter-national Conference on Circuit, Power and Computing Technologies (IC-CPCT). Nagercoil, India: IEEE, 2015: 1-4.

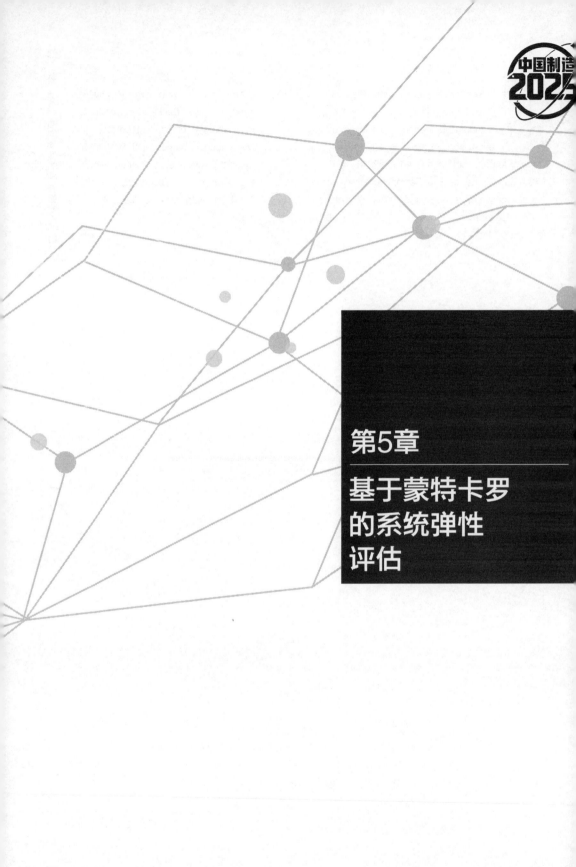

第5章

基于蒙特卡罗
的系统弹性
评估

5.1 研究背景

　　蒙特卡罗方法是一种基于仿真统计的计算方法，其核心思想是建立系统运行中概率过程的仿真模型，然后使用多次实验的方法，计算得到系统特征。针对系统弹性这一指标，由于研究对象的复杂性，以及系统可能遭受的扰动、性能降级和恢复过程的随机性，蒙特卡罗仿真不失为一种对系统弹性评估的有效方法。考虑到供应链网络容易受到各种扰动行为的影响，采用弹性对供应链系统进行度量，能很好地反映供应链网络承受扰动的能力。本章以供应链网络为对象研究蒙特卡罗仿真在弹性评估中的应用。本书1.3.2节阐述了一些基于仿真的系统弹性研究方法，此外，针对供应链网络的相关研究还包括：Deleris 和 Erhun（2005）[1]使用蒙特卡罗方法评估供应链网络在扰动发生后的损失量；Colicchia 等（2010）[2] 使用基于仿真的架构来评估他们提出的风险管理方法的效果；Klibi 和 Martel（2012）[3] 在供应链网络的风险建模中使用蒙特卡罗方法，同时包含随机和极端事件；Schmitt 和 Singh（2012）[4] 使用仿真模型来评估供应链网络中扰动的影响，关注系统的停工和恢复时间等。

　　本章以供应链网络为对象，根据系统关键性能参数分析，确定了基于物流量和平均运输距离的系统弹性度量，并结合蒙特卡罗方法给出了系统弹性评估方法，包括系统建模、仿真流程、弹性评估方法等。结合上述过程，读者还可根据自己的目标模型，使用蒙特卡罗方法对其他系统进行弹性评估[5]。

5.2 蒙特卡罗方法简介

　　蒙特卡罗（Monte Carlo）方法由在第二次世界大战中研制原子弹的"曼哈顿计划"中的成员乌拉姆和冯·诺伊曼于 20 世纪 40 年代首先提出[6]。蒙特卡罗方法是一种以概率统计理论为指导的非常重要的数值计算方法，使用随机数（或更常见的伪随机数）来解决很多计算问题。从方法特征的角度来说，蒙特卡罗方法可以一直追溯到 1777 年布丰提出随机投针试验来求圆周率 π，即著名的布丰问题，这被认为是蒙特卡罗方法的起源。如今，蒙特卡罗方法在金融工程学、宏观经济学、计算物理学（如粒子输运计算、量子热力学计算、空气动力学计算）等领域应用广泛。

5.2.1 基本思想

蒙特卡罗方法亦称为随机模拟（random simulation）方法，有时也称作随机抽样（random sampling）技术或统计试验（statistical testing）方法[7]。它的基本思想是：为了求解数学、物理、工程技术以及生产管理等方面的问题，首先建立一个概率模型或随机过程，使它的参数等于问题的解；然后通过对模型或过程的观察或抽样试验来计算所求参数的统计特征；最后给出所求解的近似值。解的精确度可用估计值的标准误差来表示。

假设所要求的量 x 是随机变量 ξ 的数学期望 $E(\xi)$，那么近似确定 x 的方法是对 ξ 进行 N 次重复抽样，产生相互独立的 ξ 值的序列 ξ_1、ξ_2、$\cdots$、ξ_N，并计算其算术平均值：

$$\bar{\xi} = \frac{1}{N}\sum_{n=1}^{N}\xi_n \tag{5.1}$$

根据柯尔莫哥罗夫强大数定理[8] 有：

$$P(\lim_{N\to\infty}\bar{\xi}_N = x) = 1 \tag{5.2}$$

因此，当 N 充分大时，下式

$$\bar{\xi}_N \approx E(\xi) = x \tag{5.3}$$

成立的概率等于 1，即可以用 $\bar{\xi}_N$ 作为所求量 x 的估计值。

5.2.2 求解过程

蒙特卡罗方法求解过程的三个主要步骤如下。

（1）构造或描述概率过程

对于本身就具有随机性质的问题，如货物运输问题，主要是正确描述和模拟这个概率过程；对于本来不是随机性质的确定性问题，比如计算定积分，就必须事先构造一个人为的概率过程，它的某些参数正好是所要求问题的解，即要将不具有随机性质的问题转化为随机性质的问题。

（2）实现从已知概率分布抽样

构造了概率模型以后，由于各种概率模型都可以看作是由各种各样的概率分布构成的，因此产生已知概率分布的随机变量（或随机矢量），就成为实现蒙特卡罗方法模拟实验的基本手段，这也是蒙特卡罗方法被称为随机抽样的原因。最简单、最基本、最重要的一个概率分布是 $(0,1)$ 上的均匀分布（或称矩形分布）。随机数就是具有这种均匀分布的随机变量。随机数序列就是具有这种分布的总体的一个简单子样，也就是一个具有这种分布的相互独立的随机变数序列。产生随机数的问题，就是从这个分布中抽样的问题。在计算机上，可以用物理方法产生随机数，但价格昂贵，不能重复，使用不便。另一种方法是用数学递推公式产生。这样产生的序列，与真正的随机数序列不同，所以称为伪随机数或伪随机数序列。不过，经过多种统计检验表明，它与真正的随机数或随机数序列具有相近的性质，因此可把它作为真正的随机数来使用。由已知分布随机抽样有各种方法，与从（0,1）上均匀分布抽样不同，这些方法都是借助于随机数序列来实现的，也就是说，都是以产生随机数为前提的。由此可见，随机数是我们实现蒙特卡罗方法的基本工具。

（3）建立各种估计量

一般来说，构造了概率模型并能从中抽样，即实现模拟实验后，我们就要确定一个随机变量，作为所要求的问题的解，我们称它为无偏估计。建立各种估计量，相当于对模拟实验的结果进行考察和登记，从中得到问题的解。

从理论上来说，蒙特卡罗方法需要大量的实验。实验次数越多，所得到的结果才越精确。计算机技术的发展，使得蒙特卡罗方法在近年来得到了快速的普及。借助计算机的高速运转能力，蒙特卡罗方法现在不但用于解决许多复杂的科学方面的问题，也被项目管理人员经常使用。

5.2.3　优点

蒙特卡罗方法的优点可以归纳为以下三个方面。

① 蒙特卡罗方法及其程序结构简单。它对统计量的估计是通过大量的简单重复抽样实现的，因而方法和程序都很简单。

② 收敛概率和收敛速度与问题维数无关。对于蒙特卡罗方法来说，虽然不能断言其误差不超过某个值，但能指出其误差以接近 1 的概率不超过某个界限。它的收敛速度与一般数值方法相比是很慢的，其主阶仅为 $O(N^{-1/2})$，因此，不能解决精确度很高的问题。但是，它所产生的误差只与标准差和样本容量有关，而与样本中元素所在空间无关，即它的收敛速度与问题维数无关，而其他数值方法则不然。这就决定了蒙特卡罗方法对多维问题的适用性，使得它几乎不受系统规模或复杂程度的影响。当然，研究人员在蒙特卡罗方法的收敛速度和抽样效率方面也开展了不少工作[9]，提出了一些新的抽样方法，如控制变量法[10]、截断抽样法[11,12]、分层抽样法[13]、重要抽样法[14] 等。

③ 蒙特卡罗方法的适应性强。它在解题时受问题条件限制的影响较小。

5.3　问题描述

本章的研究对象为供应链网络，如图 5.1 所示[15]。此供应链是一个四级供应链，所有的供应商、制造商、分销中心、零售商都可视为供应链网络中的一个节点。这里，我们把具有相同功能的节点划分在同一级，就形成了供应商、制造商、分销中心和零售商四个级别。在相邻两级的任意两个节点之间都可能存在一条有向的货物流通路径。整个供应链网络的结构取决于各级节点建立以及相邻层级间的路径规划。网络结构由于其节点功能性不同，有向路径只存在于相邻两级的节点中间，即货物不会跨级运输（如从供应商直接到分销中心、从制造商直接到零售商等），也不会在同级节点之间进行运输。

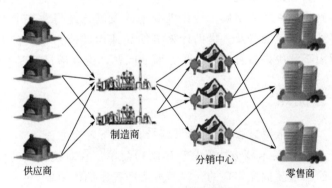

图 5.1　某四级供应链网络

为了研究问题的方便，本章给出以下几个假设条件：
① 该供应链网络只负责单一产品的制造销售；
② 节点具备一定容量，可加工、存储各级产品，链路容量无限；
③ 不考虑节点的服务时间和等待时间，不考虑链路的等待时间；
④ 只考虑单点扰动，且扰动仅发生在节点。
假设①借鉴了 Shin 等（2012）[16] 在其论文中对问题的简化方法。对涉及多种产品的供应链网络，可根据不同产品类型属性设计加权因子，采取类似的弹性评估方法。假设②说明，节点具有有限的制造和存储能

力，链路具有无限的运输能力。假设③说明，材料和产品在到达节点或者链路后会被立即运输，没有等待或者排队时间。同一层中的每个节点的服务时间是相同的，所以在本章中，我们不考虑产品在节点上的传输时间，只考虑在链路上的运输时间。假设④用于对模型的简化，该假设类似于网络可靠性研究中的"链路绝对可靠"的假设[17-19]。如果将该链路视为节点，该假设可以进行扩展。这里还假设节点中的扰动是非共因扰动，意为一个扰动只能引起一个节点的性能出现下降，该假设类似于可靠性研究中的"无共因故障"的假设[20-22]。

因此，在已知供应链网络的各级可能节点、节点的位置、对应的容量、节点受扰动的概率、受扰动后的容量降级程度及恢复时间所对应的分布与参数，以及各条可能链路的路径长度之后，本章研究的问题是如何评估供应链网络弹性，判断供应链网络是否满足弹性要求。

5.4 弹性度量

5.4.1 系统弹性度量

在第1章中已经对不同的弹性度量方法进行了综述，为了论述方便，将几种典型的确定型弹性度量列于表5.1中。

表 5.1 典型的确定型弹性度量

序号	来源文献	度量参数及其定义	公式
1	Bruneau 等(2003)[23]	弹性损失：系统受扰动后，其性能损失函数在恢复时间内的积分	$\mathbb{R}_B = \int_{t_0}^{t_1} [1 - Q(t)] dt$
2	Cimellaro 等(2010)[24]	弹性：系统受扰动后，其性能函数在整个恢复过程中的积分	$\mathbb{R}_C = \int_{t_0}^{t_1} Q(t) dt$
3	Reed 等(2009)[25]	弹性：系统受扰动后，性能函数在所考虑时间区间内的积分与该时间区间长度之比	$\mathbb{R}_R = \dfrac{\int_{t_s}^{t_e} Q(t) dt}{t_e - t_s}$
4	Zobel 等(2011 和 2014)[26,27]	弹性预测值：系统受扰动后性能直接降至最低值，并开始均速恢复。系统性能损失大小和恢复时间长度决定了系统性能的匀速恢复过程，记性能函数在恢复时间绝对上限(T_u)时间内的梯形面积与 T_u 之比为弹性预测值	$\mathbb{R}_Z = \dfrac{T_u - \dfrac{Q_1 T}{2}}{T_u}$

序号	来源文献	度量参数及其定义	公式
5	Ouyang 等(2012 和 2015)[28,29]	弹性:从 0 到 T 这样一个较长的时间范围内,系统实际性能 $P(t)$ 随时间的积分与系统目标性能 $TP(t)$ 随时间的积分之比	$\mathbb{R}_O = \dfrac{\int_0^T P(t)\mathrm{d}t}{\int_0^T TP(t)\mathrm{d}t}$

注:$Q(t)$ 是归一化的系统性能曲线 $[0 < Q(t) < 100\%]$,t_s 和 t_e 是 Reed 给出的弹性定义中所考虑时间区间的两端,Q_1 和 T 是 Zobel 给出的弹性定义中的弹性损失和恢复时间。

上表中总结了最常见的几种弹性度量方法,其中,度量 1 和度量 2 不能用于不同系统间弹性的比较,因为它们用恢复时间作为弹性度量的时间区间,然而不同系统在不同扰动中的恢复时间是变化的;度量 3 没有明确性能积分的时间区间;度量 4 忽略了一个事实,恢复时间的严格上界未必总是存在;度量 5 计算了系统长时间内的性能积分比,与本书关注系统遭受扰动后的弹性行为不同。

根据上述分析,我们建立的弹性度量方法应该包括以下三个特点:①为了使不同系统之间的弹性可以比较,我们需要一个具有合适物理意义的时间限制作为积分上下限;②为了衡量系统在受到扰动后的恢复能力,扰动发生的时间点必须作为弹性积分的起点;③同时还要考虑系统能或者不能在规定时间内恢复的情况,规定时间区间有可能大于实际恢复时间,也有可能小于实际恢复时间。因此,这里我们采用用户规定的最大允许恢复时间作为时间度量单位,定义弹性如下。

定义 5.1　系统弹性为系统遭受扰动后 T_a 时间(用户允许的最大系统性能恢复时间)内归一化性能随时间的积分与系统正常运行(未受扰动)T_a 时间内归一化性能随时间的积分之比。

该弹性可用于度量扰动后用户允许的最大系统性能恢复时间内的平均性能。假设系统正常情况下的性能归一化值为 1,则系统弹性可计算如下:

$$\mathbb{R} = \frac{\int_{t_0}^{T_a + t_0} Q(t)\mathrm{d}t}{T_a} \tag{5.4}$$

式中,$\mathbb{R}$ 为系统弹性;$Q(t)$ 为 t 时刻的系统归一化性能,t_0 时刻系统受到扰动从而出现性能下降;T_a 为用户允许的最大系统性能恢复时间。将上述弹性计算方法表示在图中,弹性可表示为深色区域面积 [即扰动发生后归一化性能 $Q(t)$ 在 T_a 时间范围内的积分] 与整个着色区域面积 [即正常情况下归一化性能 $Q(t)$ 的积分] 的比值,如图 5.2 所示。图 5.2 给出了两种情况,图 5.2(a) 表示系统在最大允许时间内恢复到了初始性能，图5.2(b) 表示系统没有在最大允许时间内完全恢复，其中 t_1 是系统性能完全恢复的时刻。

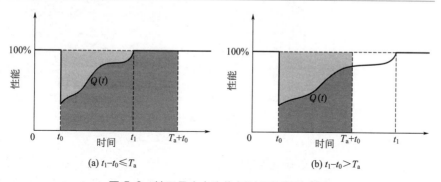

图5.2 基于最大允许恢复时间的弹性度量

式(5.4) 给出的系统弹性度量有如下优点：

① 采用用户允许的最大恢复时间作为性能积分的时间区间，可以使不同系统的弹性在相同的时间限制下进行比较；

② 该弹性度量方法计算了系统在遭受扰动后，最大允许时间内的平均性能，具有清晰的物理意义；

③ 度量所考虑的时间区间从系统遭受扰动时刻起，统计扰动后用户允许时间内的评价性能，表征了系统受到扰动后的"弹回"能力，这与弹性一词的意义一致；

④ 既可用于度量在用户允许时间内系统能恢复情况下的弹性，也可用于度量在这个时间内无法恢复情况下的弹性。

根据式(5.4)，系统的弹性表示的是系统在受到扰动时抵御破坏和快速恢复的能力，故 $0 \leqslant \mathbb{R} \leqslant 1$。系统的弹性为1，说明系统不会出现性能降级，或者系统在性能出现下降时能够以无限大的速度恢复自己的性能；系统的弹性为0，表示系统一受到扰动就完全破坏，且在用户允许的恢复时间内一点也不能恢复。显然，弹性越大，系统越好。

弹性是综合衡量性能降级和恢复时间的测度，图5.3展示了两个不同系统受扰动后的性能变化曲线。在这里系统的弹性度量值实际就是浅色区域的面积与深色区域加浅色区域面积的比值。图5.3(a) 所示系统在受到扰动后性能下降非常严重，尽管它的恢复速度很快，弹性却不是很好。图5.3(b) 所示系统在受到扰动后性能下降不多，但是恢复速度很慢，整个系统的弹性也较差。

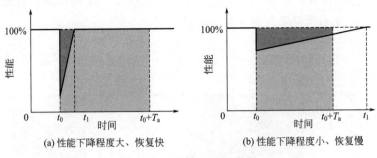

(a) 性能下降程度大、恢复快　　　　(b) 性能下降程度小、恢复慢

图 5.3　系统性能变化曲线

式(5.4) 是确定型弹性度量，适用于对一次扰动事件后的系统弹性评价。考虑到系统可能遭受的扰动、性能降级和恢复行为都是随机变量，因此在系统设计过程中，人们更关心系统的概率型弹性度量，用于反映系统弹性的随机特征。考虑到系统弹性的概率分布不易描述，这里我们定义系统弹性期望如下。

定义 5.2　系统弹性期望为系统遭受扰动后弹性值可能结果的概率乘以其结果的总和。

系统弹性期望可表达如下：

$$E(\mathbb{R}) = \frac{E\left[\int_{t_0}^{T_a+t_0} Q(t)\,\mathrm{d}t\right]}{T_a} \tag{5.5}$$

在 N 个扰动样本下，可以使用弹性均值作为系统弹性期望的估计值。其计算方法如下：

$$\widehat{E(\mathbb{R})} \approx \frac{\sum_{i=1}^{N} \mathbb{R}_i}{N} \tag{5.6}$$

式中，$\mathbb{R}_i$ 为系统在遭受第 i 次扰动后的弹性。在获得 N 次扰动下的弹性数据后可以得到系统弹性的分布，也可以得到系统弹性期望。

该弹性度量方法可以被用在供应链网络的设计和使用阶段。在设计阶段，因为缺乏实际数据，可以使用仿真方法来预测供应链网络在遭受扰动后的弹性。通过仿真，可以得到系统弹性的直方图。使用该方法，可以计算供应链网络的预期弹性，并判断网络弹性是否满足要求。如果没有满足，系统管理者可以采取一些措施来提高弹性，比如：减少性能降级，提高恢复速度，更换恢复策略或改变网络拓扑结构。在得到弹性评估结果后，网络拓扑结构和扰动后的恢复策略可以被快速优化。在使用阶段，供应链网络的性能数据可以被实时监控，在扰动发生后，可以收集得到性能变化的数据，因为扰动是较为罕见的事件，在使用阶段常使用确定型的弹性度量。

5.4.2　关键性能参数选取和归一化

弹性度量实际是建立在系统性能基础之上的。因此，系统弹性度量首先需要明确的是关键性能参数的选取。一般地，关键性能参数应该满足如下要求。

① 关键性能参数可以定量描述研究者所关心的系统性能。

② 关键性能参数可用于评估系统工作状态，当系统工作状态稳定时，关键性能参数取值唯一。

③ 关键性能参数可以不唯一。一个关键性能参数描述了系统某一方面的工作能力，当系统具有多维度性能时，可选择多个不同的系统性能参数进行描述。例如：在复杂网络建模中，基于拓扑的参数和基于性能的参数都可以被选作关键性能参数。

在确定了系统关键性能参数之后，需要进行归一化工作，以便应用 5.4.1 节给出的弹性度量进行计算。本章针对望大型和望小型参数的归一化方法如下：

① 对于望大型参数（参数值越大越好），系统工作在理想状态下该参数取值最大，系统受到扰动后性能下降，该参数取值变小，归一化时可使用当前性能参数的取值除以最大值；

② 对于望小型参数（参数值越小越好），系统工作在理想状态下该参数取值最小，系统受到扰动后性能上升，该参数取值增大，归一化时可使用最小值除以当前性能参数的取值。

5.4.3　供应链网络的弹性度量

具体对应于供应链网络，供应链设计者往往都从费用和服务水平的角度对供应链进行优化。在实际应用中，供应链满足消费者需求量的程度和速度是供应链设计的重点。在本章中，用网络理论对供应链进行抽象，选取物流量 W 和平均运输距离 $\overline{D}$ 作为供应链网络的两个关键性能参数。

定义 5.3　供应链网络物流量是在给定网络节点链路容量（即加工、存储各级产品的数量上限）的情况下，能从网络第一层运送到最后一层的最大货物数量。

　　具体地，物流量实际就是图论中的最大流，物流量的大小决定了供应链能满足多少用户的使用需求。最大流的算法有很多，著名的有 Edmonds-Karp 算法[30] 和预流推进算法[31]。

　　定义 5.4　供应链网络平均运输距离是供应链网络中物流量对应的所有货物的运输路径长度均值。

　　显然，平均运输距离决定了供应链网络的运输成本和运输速度。平均运输距离可以计算如下：

$$\overline{D} = \frac{1}{W} \sum_{i=1}^{n} \sum_{j=1}^{n} w_{ij} d_{ij} \tag{5.7}$$

　　式中，n 为网络中的节点数量；d_{ij} 为节点 i 到节点 j 的路径长度；w_{ij} 为节点 i 到节点 j 路径上运输的货物总量；W 为供应链网络物流量（即网络最大流）。

　　在获得供应链网络的两个维度性能定义后，需要对其进行归一化处理，设供应链网络未受到扰动时的性能为初始性能，则系统性能可由初始性能和当前性能之间的比例关系进行计算。

　　需要注意的是，物流量是望大型参数，而平均运输距离是望小型参数，根据 5.4.2 节，它们可以按下式进行归一化：

$$Q_W(t) = \frac{W(t)}{W(t_0)} \text{和} Q_D(t) = \frac{\overline{D}(t_0)}{\overline{D}(t)} \tag{5.8}$$

　　式中，$W(t)$ 和 $\overline{D}(t)$ 为系统在 t 时刻的物流量和平均运输距离；$W(t_0)$ 和 $\overline{D}(t_0)$ 为系统在未受到扰动的 t_0 时刻的初始性能值。

　　结合 5.4.1 节中给出的系统弹性计算式，我们可以得出供应链网络两个性能参数对应的弹性表达式：

$$\mathbb{R}_W = \frac{\int_{t_0}^{T_a+t_0} Q_W(t)\,\mathrm{d}t}{T_a} \text{和} \mathbb{R}_{\overline{D}} = \frac{\int_{t_0}^{T_a+t_0} Q_{\overline{D}}(t)\,\mathrm{d}t}{T_a} \tag{5.9}$$

　　供应链网络的弹性期望可表达为：

$$\widehat{E(\mathbb{R}_W)} \approx \frac{\sum_{i=1}^{N} \mathbb{R}_{W_i}}{N} \text{和} \widehat{E(\mathbb{R}_{\overline{D}})} \approx \frac{\sum_{i=1}^{N} \mathbb{R}_{\overline{D}_i}}{N} \tag{5.10}$$

　　式中，$\mathbb{R}_{W_i}$ 和 $\mathbb{R}_{\overline{D}_i}$ 为在第 i 次扰动作用下基于物流量的供应链网络弹性和基于平均运输距离的供应链网络弹性。

　　供应链网络中每个节点的容量是一定的，当供应链网络受扰动后，其中某一节点的容量出现下降，继而可能导致整个供应链网络的性能下降，具体表现为网络物流量的下降和/或平均运输距离的增加。由于供应策略的改变或者维修恢复过程的进行，供应链网络的性能出现回弹，我们采用上述基于物流量和平均运输距离的弹性度量模型对供应链网络进行弹性评价，用以表征供应链网络的弹性。

5.5　基于蒙特卡罗的弹性评估

考虑到系统所遭受扰动的随机性，以及在扰动作用下产生的性能降级和恢复时间的随机性，本章采用蒙特卡罗方法介绍对供应链网络进行弹性评估的方法。

5.5.1　仿真模型

（1）网络结构模型

为了描述供应链网络的结构，这里我们采用邻接矩阵的形式进行建模。为了便于计算，我们在图 5.1 所示的供应链网络中增加了两个虚拟节点：源节点和目的节点。其中，源节点连接供应链网络的所有第一级节点（即输出节点，如图 5.1 的供应商端），目的节点连接供应链网络的所有最后一级节点（即输入节点，如图 5.1 的零售商端）。由此，网络总节点数记为 $m = n + 2$，其中 n 为供应链网络原本有的节点个数，源节点记为节点 1，目的节点记为节点 m。由此，网络拓扑结构可表述为：

$$\boldsymbol{A}_m = \begin{bmatrix} a_{11} & a_{12} & \cdots & a_{1m} \\ a_{21} & a_{22} & \cdots & a_{2m} \\ \vdots & \vdots & & \vdots \\ a_{m1} & a_{m2} & \cdots & a_{mm} \end{bmatrix} \tag{5.11}$$

式中，$a_{ij} = \begin{cases} 0, & \text{节点 } i \text{ 与节点 } j \text{ 之间没有链路} \\ 1, & \text{节点 } i \text{ 与节点 } j \text{ 之间有链路} \end{cases}$。

（2）链路容量模型

链路容量指的是网络中各链路上所能承载流量的最大值，在 5.3 节我们假设供应链网络中的节点容量有限，链路容量无限。为了方便后续计算，我们需要将节点容量转移到链路容量，记每条链路上的容量应该等于其两端节点容量的最小值，即

$$c_{ij} = \min(c_i, c_j) \tag{5.12}$$

式中，c_i 为第 i 个节点容量。

用容量矩阵描述网络中各条链路的容量：

$$C_m = \begin{bmatrix} c_{11} & c_{12} & \cdots & c_{1m} \\ c_{21} & c_{22} & \cdots & c_{2m} \\ \vdots & \vdots & & \vdots \\ c_{m1} & c_{m2} & \cdots & c_{mm} \end{bmatrix} \tag{5.13}$$

式中，c_{ij} 为从节点 i 到节点 j 的链路容量。

（3）网络流量模型

供应链网络中的流量表示的是单位时间内网络中每条链路上所经过的货物数量。流量和容量的不同点在于，流量表示的是链路中当前时刻实际传输的货物数量，容量表示的是链路所能承载的最大流量，因此流量满足如下约束：

$$0 \leqslant w_{ij} \leqslant c_{ij} \tag{5.14}$$

此外，对于层级式的供应链网络，其流量还满足下述约束条件：

$$\begin{cases} \sum\limits_{i=1}^{m} w_{ij} = \sum\limits_{i=1}^{m} w_{ji} = W, j = 1 \text{ 或 } m \\ \sum\limits_{i=1}^{m} w_{ij} = \sum\limits_{i=1}^{m} w_{ji}, j \neq 1 \text{ 或 } m \end{cases} \tag{5.15}$$

式中，m 为节点总数；W 为网络最大物流量。第一个约束式表示源节点的出流量和目的节点的入流量等于最大流，即网络工作在最大流状态，且满足流量守恒；第二个约束式表示对于任意节点 $j(j \neq 1$ 或 $m)$，流入节点的流量等于流出节点的流量，即满足流量守恒。

与容量矩阵类似，这里用流量矩阵描述网络的流量情况：

$$W_m = \begin{bmatrix} w_{11} & w_{12} & \cdots & w_{1m} \\ w_{21} & w_{22} & \cdots & w_{2m} \\ \vdots & \vdots & & \vdots \\ w_{m1} & w_{m2} & \cdots & w_{mm} \end{bmatrix} \tag{5.16}$$

式中，w_{ij} 为从节点 i 到节点 j 路径上的实际流量。

（4）网络链路长度模型

网络链路长度描述的是供应链网络中每条链路的长度，具体表现为各节点之间的距离。在本研究中，可用网络链路长度矩阵记录网络链路长度信息：

$$D_m = \begin{bmatrix} d_{11} & d_{12} & \cdots & d_{1m} \\ d_{21} & d_{22} & \cdots & d_{2m} \\ \vdots & \vdots & & \vdots \\ d_{m1} & d_{m2} & \cdots & d_{mm} \end{bmatrix} \tag{5.17}$$

式中，d_{ij} 为节点 i 到节点 j 的路径长度。

（5）流量分布模型

由于供应链网络中存在冗余，因此，网络中可能存在不止一条链路能够承载相应的物流量。为了减少运输时间和费用，货物一般选择能使整个网络获取最短平均运输距离的路径进行传输。为了找到这样的流量分布，可以使用下列线性规划模型：

$$\min \quad \overline{D} = \frac{1}{W} \sum_{i=1}^{m} \sum_{j=1}^{m} w_{ij} d_{ij}$$

$$\text{s. t.} \quad \sum_{i=1}^{m} w_{ij} = \sum_{i=1}^{m} w_{ji} = W, j = 1 \text{ 或 } m$$

$$\sum_{i=1}^{m} w_{ij} = \sum_{i=1}^{m} w_{ji}, j < 1 < m \tag{5.18}$$

$$0 \leqslant w_{ij} \leqslant c_{ij}$$

式中，目标为平均运输距离最小化，约束条件分别为流量守恒和流量不超过容量限制。

（6）抽样模型

对供应链网络的弹性评价是建立在已知节点受扰动、性能下降程度和恢复时间的概率密度函数的基础上进行的，通过采用蒙特卡罗仿真方法对各种可能性进行模拟，从而实现供应链网络的弹性评价。给定随机变量 x 的累积概率分布函数 $F(x)$，就可以使用反函数法进行抽样：$x = F^{-1}(U)$，其中 U 服从 $0 \sim 1$ 的均匀分布[32]。下面分别给出均匀分布、指数分布、正态分布和对数正态分布的反函数、抽样方法和在 Matlab 中的抽样符号。

① 均匀分布情况　已知 $U \sim [a, b]$，该均匀分布的概率密度函数如下：

$$f(x) = \begin{cases} \dfrac{1}{b-a}, a \leqslant x \leqslant b \\ 0, \text{其他} \end{cases} \tag{5.19}$$

其累积概率分布函数 $F(x)$ 为

$$F(x) = \int_{a}^{x} f(x) \mathrm{d}x = \int_{a}^{x} \frac{1}{b-a} \mathrm{d}x \tag{5.20}$$

可得

$$U = F(x) = \int_{a}^{x} \frac{1}{b-a} \mathrm{d}x = \frac{x-a}{b-a} \tag{5.21}$$

故可解得

$$x = F^{-1}(U) = (b-a)U + a \tag{5.22}$$

由计算机抽样得到的随机数 U 代入上式中，即可求出服从均匀分布的随机抽样值。在 Matlab 仿真中，可用 unidrnd 函数实现上述功能。unidrnd 函数表达式为 $x = \text{unidrnd}(N, [m, n, \cdots])$，其中输出端 x 是服从均匀分布的随机变量，输入端 N 表示均匀分布的区间为 $0 \sim N$，输入端 $[m, n, \cdots]$ 表示 x 中的元素是一个多维矩阵，指定了输出端 x 的各维的长度。这里，N 也可以是一个矩阵，此时输出端 x 就是一个和 N 一样大小的矩阵，x 中每个元素都是以 N 中对应位置的元素为最大值的随机变量。

② 指数分布情况　已知指数分布的累积概率分布函数为

$$F(x) = \int_0^x f(x)\,\mathrm{d}x = \int_0^x \lambda\mathrm{e}^{-\lambda x}\,\mathrm{d}x \tag{5.23}$$

可得

$$U = F(x) = \int_0^x \lambda\mathrm{e}^{-\lambda x}\,\mathrm{d}x = 1 - \mathrm{e}^{-\lambda x} \tag{5.24}$$

由反函数定理可知 U 服从均匀分布，写出 U 的反函数，并将 U 作为自变量带入，由此可得 x 的抽样公式为

$$x = F^{-1}(U) = -\frac{1}{\lambda}\ln(1-U) \tag{5.25}$$

由计算机产生服从均匀分布的随机数，可由上式抽样得到服从指数分布的随机变量。在 Matlab 中，可用 exprnd 函数实现上述功能。exprnd 函数的表达式为 $x = \text{exprnd}(mu, [m, n, \cdots])$，其中输入端 mu 表示指数分布的参数为 mu，其他参数的含义与均匀分布相同。

③ 正态分布和对数正态分布情况　采用类似的方法，也可以求得正态分布和对数正态分布的反函数，其中，正态分布和对数正态分布的反函数可以分别表达为

$$F^{-1}(U) = z_U\sigma + \mu \quad \text{和} \quad F^{-1}(U) = \mathrm{e}^{z_U\sigma} + \mu \tag{5.26}$$

式中，z_U 为正态分布分位数。同时在 Matlab 中可用 normal 函数和 lognrnd 函数分别实现对正态分布函数和对数正态分布函数的随机抽样，其表达式分别为 $x = \text{normal}(mu, sigma, [m, n, \cdots])$ 和 $x = \text{lognrnd}(mu, sigma, [m, n, \cdots])$，其中输入端 mu 和 $sigma$ 表示正态和对数正态分布的两个参数，其他参数的含义也与均匀分布相同。

5.5.2　基于蒙特卡罗的弹性评估流程

基于蒙特卡罗的供应链网络弹性仿真流程如图 5.4 所示，具体步骤

如下。

① 计算供应链网络的初始性能 $W(t_0)$ 和 $\overline{D}(t_0)$，即网络中各节点未受到干扰时的供应链网络性能，将此性能指标作为性能基准使用。

② 仿真 N 次，得到每次扰动后的供应链网络性能降级和恢复数据。

a. 根据已知的节点扰动率信息，应用蒙特卡罗方法对供应链网络节点受扰动的时间进行抽样，确定出本次扰动过程中发生故障的节点（即受扰动时间最小的节点）；

b. 根据受扰动节点的性能降级分布和恢复时间分布，应用蒙特卡罗方法抽样确定该节点在本次扰动作用下产生的性能降级和恢复时长；

c. 每隔 Δt 时间计算供应链网络的性能 $W(t)$ 和 $\overline{D}(t)$，由此得到两个性能参数随时间变化的情况，直到用户允许的恢复时间 T_a；

d. 用下式计算本次扰动中的系统弹性：

$$\int_{t_0}^{T_a+t_0} Q(t)\mathrm{d}t \approx \frac{\sum_{k=1}^{s}\left[Q(t_k)+Q(t_{k-1})\right]\Delta t}{2} \tag{5.27}$$

③ 用式(5.10)计算供应链网络的弹性期望，同时还可以构建系统的弹性直方图。

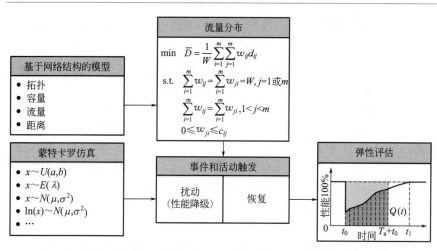

图 5.4 基于蒙特卡罗的系统仿真流程图

5.5.3 误差分析

从每一次蒙特卡罗仿真中得到的弹性值 x_i 都是独立同分布的随机变

量。根据中心极限定理，如果几个变量是独立同分布的，则它们的算术平均数服从均值为 μ 方差为 $\frac{\sigma^2}{N}$ 的正态分布，其中 N 为随机变量的个数。其误差的估计可以用如下方法计算：

$$\varepsilon = |x - \hat{x}| < \frac{z_{\alpha/2}\sigma}{\sqrt{N}} \tag{5.28}$$

式中，$\hat{x}$ 为变量 x 的估计值，并且 $\hat{x} = \frac{\sum x_i}{N}$；$1-\alpha$ 为置信度。

在当前的问题中，结合式(5.10)，可得如下误差计算式：

$$\varepsilon_{E(\mathbb{R}_W)} = \left| E(\mathbb{R}_W) - \widehat{E(\mathbb{R}_W)} \right| < \frac{z_{\alpha/2}S_{\mathbb{R}_W}}{\sqrt{N}}$$

$$\varepsilon_{E(\mathbb{R}_{\overline{D}})} = \left| E(\mathbb{R}_{\overline{D}}) - \widehat{E(\mathbb{R}_{\overline{D}})} \right| < \frac{z_{\alpha/2}S_{\mathbb{R}_{\overline{D}}}}{\sqrt{N}} \tag{5.29}$$

式中，$S_{\mathbb{R}_W}$ 和 $S_{\mathbb{R}_{\overline{D}}}$ 是 $\mathbb{R}_W$ 和 $\mathbb{R}_{\overline{D}}$ 的标准差，在这里标准差被认为是方差的无偏估计。

5.6　案例

这里以杭州某手机的供应链网络为例[15]，说明本章给出的基于蒙特卡罗的系统弹性仿真方法的具体应用。

5.6.1　案例描述

图5.5给出了该手机的供应链网络拓扑结构，这是一个由供应商、制造商、分销中心和零售商组成的四级供应链系统。其中，有六个备选供应商，分别位于北京、上海、深圳、苏州、沈阳和天津，可为制造商提供手机制造所需的原材料；一个位于杭州的制造商，可完成手机的制造；三个分销中心分别位于北京、南京和深圳；四个零售商分别位于北京、上海、广州和南京四个地区，分别负责手机的销售。

本案例中，每个供应商的供货能力、分销中心的转发能力、零售商的需求都在图中相应位置标出。值得注意的是，在本案例中只有一个位于杭州的制造商，且制造商的加工能力是正无穷，也就是说，制造商的制造能力没有上限，且不会受到扰动影响，不会产生性能降级。在后续计算中，各供应商、制造商、分销中心和零售商都当作网络节点进行处理，即所有节点的供应、加工、转发能力和需求都可看作节点的容量。而关于链路，图中已经标出了网络中所有可能存在的有向路径，在优化过程中，就要对这些路径进行取舍和选择。另外，在本案例中，供应链网络允许的恢复时间是 7 天，即 $T_a=7$，且弹性期望目标值定为 0.96。

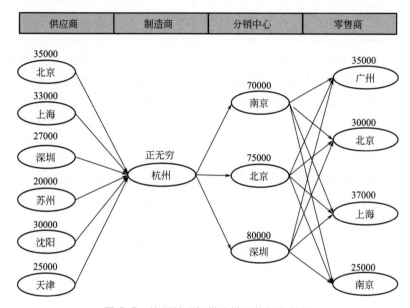

图 5.5　杭州某手机供应链网络拓扑结构

各供应商到制造商的距离如表 5.2 所示。

表 5.2　供应商到制造商的距离　　km

制造商 ＼ 供应商	北京	上海	深圳	苏州	沈阳	天津
杭州	1663	179	1100	121	1310	1036

制造商到各分销中心的距离如表 5.3 所示。

表 5.3　制造商到分销中心的距离　　km

制造商 ＼ 分销中心	南京	北京	深圳
杭州	254	1663	1070

各分销中心到各零售商的距离如表 5.4 所示。

表 5.4　分销中心到零售商的距离　　km

零售商 分销中心	广州	北京	上海	南京
南京	1125	900	255	0
北京	1900	0	1062	900
深圳	105	1930	1210	1160

当网络中一个节点受到扰动后，节点容量下降，这可能会导致供应链网络物流量和平均运输距离下降，而随着节点容量恢复，供应链网络性能也会逐渐恢复。在本案例中，假设：①节点容量恢复率恒定；②每个节点受扰动的时间服从指数分布，这个假设经常用于供应链网络研究中[33,34]；③节点性能下降服从均匀分布，该假设常用在随机流网络分析中[35,36]；④节点恢复时间主要服从对数正态分布，个别节点服从均匀分布，这是因为对数正态分布是常用的系统维修时间分布[37-39]，而均匀分布用于说明本方法的适用性。供应链网络节点容量、扰动时间、性能下降和恢复时间信息如表 5.5 所示。

表 5.5　节点容量和节点扰动信息

类型	地点	节点容量 C_i	扰动时间/天	性能下降/件	恢复时间/天
供应商	北京	35000	$X \sim E(0.009)$		$\ln(X) \sim N(3.5, 1.5^2)$
	上海	33000	$X \sim E(0.010)$		$\ln(X) \sim N(3.3, 1.5^2)$
	深圳	27000	$X \sim E(0.015)$		$\ln(X) \sim N(2.7, 1.5^2)$
	苏州	20000	$X \sim E(0.022)$		$\ln(X) \sim N(2, 1.5^2)$
	沈阳	30000	$X \sim E(0.018)$		$\ln(X) \sim N(3, 1.5^2)$
	天津	25000	$X \sim E(0.015)$		$\ln(X) \sim N(2.5, 1.5^2)$
制造商	杭州	正无穷	$X \sim E(0.020)$	$P_i(1000x) = \dfrac{1000}{c_i}$	$\ln(X) \sim N(3, 1.5^2)$
分销中心	南京	70000	$X \sim E(0.1)$	$(x = 1, 2, \cdots, \dfrac{c_i}{1000})$	$X \sim U[4, 10]$
	北京	75000	$X \sim E(0.03)$		$X \sim U[4, 10]$
	深圳	80000	$X \sim E(0.05)$		$X \sim U[4, 10]$
零售商	广州	35000	$X \sim E(0.015)$		$\ln(X) \sim N(3.5, 1.5^2)$
	北京	30000	$X \sim E(0.009)$		$\ln(X) \sim N(3, 1.5^2)$
	上海	37000	$X \sim E(0.010)$		$\ln(X) \sim N(3.7, 1.5^2)$
	南京	25000	$X \sim E(0.015)$		$\ln(X) \sim N(2.5, 1.5^2)$

5.6.2　弹性计算过程

（1）仿真建模

用 5.5.1 节的建模方法对供应链网络进行建模。在供应商前加入一个虚拟源节点和在零售商后加入一个虚拟目的节点，并定义这两个虚拟节点不会发生故障且容量为无穷，虚拟节点和实际节点之间的链路长度为 0。增加虚拟节点后，杭州某手机供应链网络拓扑结构如图 5.6 所示。

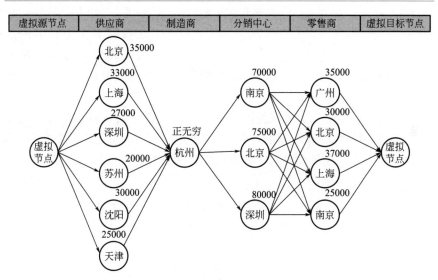

图 5.6　增加虚拟节点后的杭州某手机供应链网络拓扑结构

在此基础上，按照 5.5.1 节给出的方法建立网络结构模型、链路容量模型、网络流量模型、网络链路长度模型、流量分布模型和抽样模型，为后续基于蒙特卡罗的系统弹性仿真评估做好准备。

（2）初始性能度量

正常情况下（即不注入扰动）通过计算源端和目的端的最大流来计算此供应链网络的物流量（具体在 Matlab 中可以使用 graphmaxflow 函数计算），并在此基础上利用 5.5.1 节的流量分布模型实现网络流量分配，继而求解供应链网络的平均运输距离。

（3）扰动抽样与性能度量

根据表 5.5 的节点扰动信息，进行 N 次扰动抽样和性能度量，具体

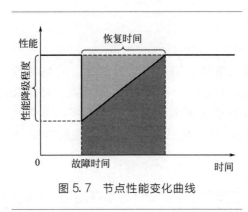

图 5.7 节点性能变化曲线

如下：首先应用 5.5.1 节的抽样方法，根据"扰动时间"分布确定出当次仿真中各节点受扰动时间。由于 5.3 节已假设不会出现共因扰动行为，故取抽样得到的"扰动时间"最小的节点，令其在本次仿真中受到扰动；然后继续根据该节点的"性能下降"和"恢复时间"分布，应用 5.5.1 节的抽样方法得到本次仿真中的性能降级程度和恢复时间。在本案例中我们假设节点受到扰动后的性能恢复是匀速恢复的，则节点性能恢复情况如图 5.7 所示。

根据图 5.7 可以得到节点受扰动后每个时间点的容量。这里我们在用户最大允许恢复时间 T_a 范围内取 10 个时间间隔，根据前文所述的计算方法，在每个时间点计算供应链网络的物流量和平均运输距离。

（4）弹性计算

将正常情况下和扰动情况下得到的供应链网络性能值进行归一化，可得到如图 5.8 所示的供应链网络性能变化曲线。

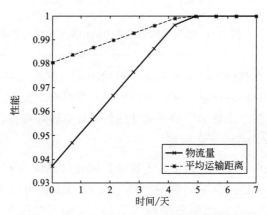

图 5.8 某次扰动下供应链网络性能变化曲线

进一步通过 5.5.2 节给出的弹性计算方法，实现供应链网络单次扰动下弹性计算和 N 次扰动下的弹性期望计算。

5.6.3 弹性评价结果

根据前文提供的信息，可以计算供应链网络的弹性。图 5.9 展示了在仿真中受扰动后供应链网络性能变化情况的示例。其中，ND 代表受扰动节点名称，PD 代表节点性能降级程度，RT 代表节点恢复时间。

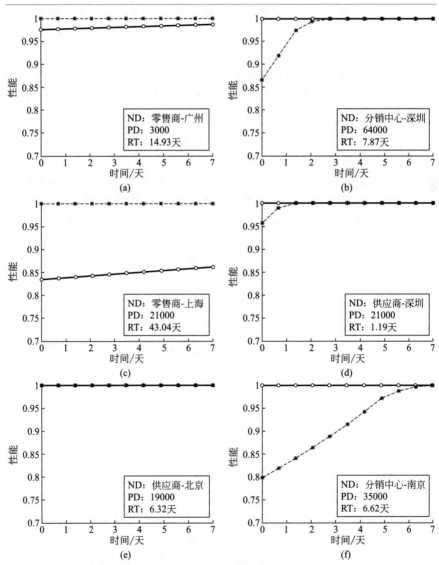

图 5.9 遭受扰动后供应链网络性能曲线（电子版）

—o—物流量；—*—平均运输距离

从图 5.9 中可以看出，节点受到扰动会引起供应链网络性能的降低。使用 5.4.3 节中提到的供应链网络关键性能参数计算方法，可计算得到使供应链网络物流量最大和平均运输距离最短的网络流量分配结果，而节点除了支撑所分配到流量需求外还有剩余容量的话，则被称作节点冗余，这可以通过计算节点容量与分配流量的差值计算得到。从仿真结果中可以看出下面的问题。

① 当节点有冗余时，供应链网络物流量可以在节点完全恢复之前恢复到初始状态。如图 5.9(b) 所示，分销中心深圳的容量需要 7.87 天完全恢复，但是供应链网络物流量在 2.34 天后就已经完全恢复。在这个例子中，只要深圳的容量恢复到 35000，系统流量分配的结果就会恢复到初始状态（即深圳节点有 45000 的容量冗余）。由此可知，拥有较少冗余的节点对系统弹性更易造成不利影响。例如，从图 5.9(a)、(c) 中看出，当任意一个零售商受到扰动时，其在本节点以及同层节点中都没有冗余，供应链网络物流量迅速降低。

② 当节点有冗余时，扰动后供应链网络的平均运输距离可能会增加。这是因为，如果有冗余的节点受扰动产生性能降级，则该节点减少的流量会分流到其他节点上，由于之前的运输路径是根据最短路径规则选择的，因此流量分流后可能引起供应链网络平均运输距离的增加。从图 5.9(d)、(f) 中可以看出，当供应商节点深圳以及分销中心南京受到扰动时，受扰动节点有冗余，使得扰动后网络平均运输距离增加，因为同级其他节点的运输距离更大。另外，从图 5.9(e) 中看出，当供应商北京受到扰动时，因为该节点是冗余节点，并且初始流量分配结果为 0，此时供应链网络物流量和平均运输距离都不会产生性能降级。

在这个案例研究中，我们仿真迭代 1000 次。根据式（5.10），仿真得到系统弹性估计为 $\widehat{E(\mathbb{R}_W)} = 0.987032$ 和 $\widehat{E(\mathbb{R}_{\overline{D}})} = 0.964301$。两个弹性度量结果的直方图如图 5.10 所示。结果表明，两种弹性分布均为长尾，基于物流量和基于平均运输距离供应链网络弹性大于 0.985 的概率分别超过 80% 和 40%。图 5.10 说明在大多数扰动情况下该供应链网络弹性非常高，但也有可能在一些扰动下网络弹性很小，且基于平均运输距离的弹性分布比基于物流量的弹性分布更为平坦，这使得基于平均运输距离的供应链网络弹性低于基于物流量的供应链网络弹性。

如前所述，随着系统仿真次数的增加，弹性仿真误差逐渐缩小，如图 5.11 所示。通过我们的弹性度量，可以看出供应链网络两个性能参数（物流量和平均运输距离）都能满足要求 $[$即 $\widehat{E(\mathbb{R}_W)} > 0.96$ 和 $\widehat{E(\mathbb{R}_{\overline{D}})} > 0.96]$。

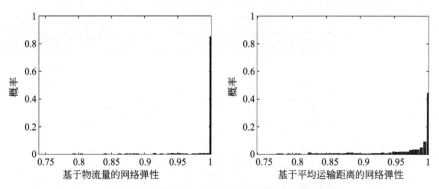

图 5.10　遭受扰动后供应链网络性能直方图

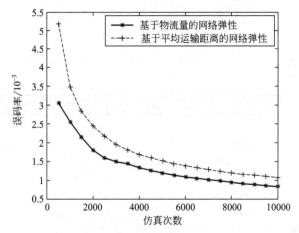

图 5.11　弹性估计值误差与仿真次数的关系（电子版）

5.6.4　不同供应链网络弹性对比

　　显然，不同拓扑结构对应的系统弹性不同。这里我们选用两个拓扑结构与之前的计算结果进行对比，拓扑结构网络分别如图 5.12 和图 5.13 所示。为了便于比较，图 5.12 和图 5.13 中能保证平均运输距离最小的链路均置于连接状态，这样保证了三个网络的初始性能相同，即物流量 $W(t_0)=127000$，平均运输距离 $\overline{D}(t_0)=1613.2\text{km}$。定义网络容量冗余度是整个网络空闲容量和使用容量的比值，由此可知图 5.5 的系统具有最大冗余（即网络中相邻两级节点全连接），图 5.12 的网络具有最小冗余（即网络中能保证平均运输距离最小的链路置于连接状态，其他链路置于关闭状态），而图 5.13 的网络冗余度在上述两个网络之间。

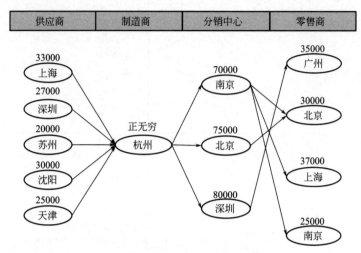

图 5.12　最小平均路径长度状态

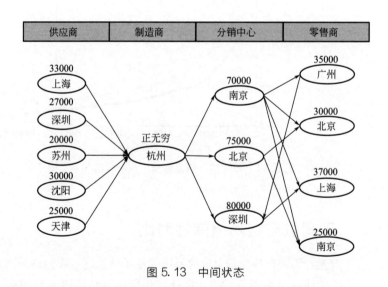

图 5.13　中间状态

使用本章的仿真方法，三种供应链网络的弹性对比如图 5.14 所示。从中我们可以看出如下问题。

① $E(\widehat{\mathbb{R}_{w_5}}) > E(\widehat{\mathbb{R}_{w_{13}}}) > E(\widehat{\mathbb{R}_{w_{12}}})$，在本例中，三个供应链网络的冗余程度排序为"图 5.5＞图 5.13＞图 5.12"，我们发现基于物流量的供应链网络弹性随着网络冗余的降低而降低。这个现象发生的原

因是，在冗余较大的网络中，流经降级节点的网络流量有较大的概率可以通过其他节点进行运输。还可以看出，图 5.12 所示的供应链网络弹性较低，不能满足弹性期望大于 0.96 的要求。这样的话，供应链网络管理者就需要采取措施以提高系统弹性。总体来说，对于基于物流量的供应链网络弹性而言，拥有更多冗余的供应链网络，其基于物流量的弹性可能较高，但是也取决于各节点冗余量的设置。为了提高基于物流量的供应链网络弹性，冗余量需要被设置在合适的节点上。

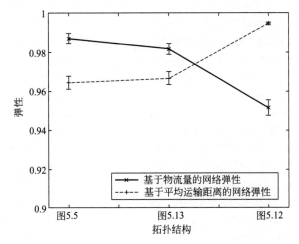

图 5.14　扰动后三种拓扑的供应链网络性能曲线对比

② $E(\widehat{\mathbb{R}_{\overline{D_5}}}) > E(\widehat{\mathbb{R}_{\overline{D_{13}}}}) > E(\widehat{\mathbb{R}_{\overline{D_{12}}}})$，在本例中，基于平均运输距离的供应链网络弹性随着网络冗余的降低而升高。不过实际上，很难通过分析得到基于平均运输距离的弹性如何随着网络冗余变化而变化。由式(5.7) 可知，平均运输距离由物流量和网络流量分布共同决定。如果供应链网络在遭受扰动后物流量降低，则不能得出基于平均运输距离的网络弹性是否降低的结论。

综上所述，在初始物流量相同的情况下，供应链网络拓扑结构冗余度越高，其基于物流量的弹性越大，而基于平均运输距离的弹性的变化趋势却不确定（网络拓扑结构冗余度变大，基于平均运输距离的弹性可能变大，也可能变小）。计算结果和预期结果相吻合，证明上述弹性评价方法是有效的。

参考文献

[1] Deleris L A, Erhun F. Risk management in supply networks using Monte-Carlo simulation[C]//Proceedings of the 37th conference on winter simulation. Winter Simulation Conference, 2005: 1643-1649.

[2] Colicchia C, Dallari F, Melacini M. Increasing supply chain resilience in a global sourcing context [J]. Production Planning & Control, 2010, 21（7）: 680-694.

[3] Klibi W, Martel A. Scenario-based supply chain network risk modeling[J]. European Journal of Operational Research, 2012, 223（3）: 644-658.

[4] Schmitt A J, Singh M. A quantitative analysis of disruption risk in a multi-echelon supply chain[J]. International Journal of Production Economics, 2012, 139（1）: 22-32.

[5] Li R, Dong Q, Jin C, et al. A new resilience measure for supply chain networks [J]. Sustainability, 2017, 9（1）: 144.

[6] Metropolis N, Ulam S. The monte carlo method[J]. Journal of the American Statistical Association, 1949, 44（247）: 335-341.

[7] 徐钟济. 蒙特卡罗方法[M]. 上海: 上海科学技术出版社, 1985.

[8] 王梓坤. 概率论基础及其应用[M]. 北京: 科学出版社, 1976.

[9] 杨为民, 盛一兴. 系统可靠性数字仿真[M]. 北京: 北京航空航天大学出版社, 1990.

[10] Pereira M V F, Pinto L M V G. A new computational tool for composite reliability evaluation[J]. IEEE Transactions on Power Systems, 1992, 7（1）: 258-264.

[11] Billiton R, Allan R N. Reliability evaluation of power systems [M]. London: Pitman Advanced Publishing Program, 1984.

[12] Mikolinnas T A, Wallenberg B F. An advanced contingency selection algorithm[J]. IEEE Transactions on Power Apparatus and Systems, 1981（2）: 608-617.

[13] Dodu J C, Merlin A. New probabilistic approach taking into account reliability and operation security in EHV power system planning at EDF [J]. IEEE Transactions on Power Systems, 1986, 1（3）: 175-181.

[14] 张伏生, 汪鸿, 韩悌, 等. 基于偏最小二乘回归分析的短期负荷预测[J]. 电网技术, 2003, 27（3）: 36-40.

[15] 刘艳娟. 面向失效风险环境的弹性供应链网络设计与运作集成优化[D]. 沈阳: 东北大学, 2011.

[16] Shin K, Shin Y, Kown J H, et al. Risk propagation based dynamic transportation route finding mechanism[J]. Industrial Management and Data Systems, 2012, 112（1）, 102-124.

[17] Aboeifotoh H M, Colbourn C J. Efficient algorithms for computing the reliability of permutation and interval graphs[J]. Networks, 1990, 20（7）: 883-898.

[18] Patvardhan C, Prasad V C, Pyara V P. Generation of K-Trees of undirected graphs[J]. IEEE Transactions on Reliability, 1997, 46（2）: 208-211.

[19] Lin M S, Ting C C. A polynomial-time algorithm for computing K-terminal residual reliability of d-trapezoid graphs [J]. Information Processing Letters, 2015, 115 (2): 371-376.

[20] Satyanarayana A, Chang M K. Network reliability and the factoring theorem[J]. Networks, 1983, 13 (1): 107-120.

[21] Coit D W, Smith A E. Reliability optimization of series-parallel systems using a genetic algorithm[J]. IEEE Transactions on Reliability, 1996, 45 (2): 254-260.

[22] Hardy G, Lucet C, Limnios N. K-terminal network reliability measures with binary decision diagrams[J]. IEEE Transactions on Reliability, 2007, 56 (3): 506-515.

[23] Bruneau M, Chang S E, Eguchi R T, et al. A framework to quantitatively assess and enhance the seismic resilience of communities [J]. Earthquake Spectra, 2003, 19 (4): 733-752.

[24] Cimellaro G P, Reinhorn A M, Bruneau M. Seismic resilience of a hospital system [J]. Structure and Infrastructure Engineering 2010, 6 (1-2): 127-144.

[25] Reed D A, Kapur K C, Christie R D. Methodology for assessing the resilience of networked infrastructure [J]. IEEE Systems Journal, 2009, 3 (2): 174-180.

[26] Zobel C W. Representing perceived tradeoffs in defining disaster resilience [J]. Decision Support Systems, 2011, 50 (2): 394-403.

[27] Zobel C W, Khansa L. Characterizing multi-event disaster resilience[J]. Computers & Operations Research, 2014, 42: 83-94.

[28] Ouyang M, Dueñas-Osorio L, Min X. A three-stage resilience analysis framework for urban infrastructure systems[J]. Structural Safety, 2012, 36: 23-31.

[29] Ouyang M, Wang Z. Resilience assessment of interdependent infrastructure systems: with a focus on joint restoration modeling and analysis[J]. Reliability Engineering & System Safety, 2015, 141: 74-82.

[30] Edmonds J, Karp R M. Theoretical improvements in algorithmic efficiency for network flow problems [J]. Journal of the ACM (JACM), 1972, 19 (2): 248-264.

[31] Goldberg A V, Tarjan R E. A new approach to the maximum-flow problem [J]. Journal of the ACM (JACM), 1988, 35 (4): 921-940.

[32] Zio E. Computational methods for reliability and risk analysis [M]. Chapter Monte Carlo Simulation for Reliability and Availability Analysis; World Scientific: Singapore, 2009: 59-69.

[33] Weiss H J, Rosenthal E C. Optimal ordering policies when anticipating a disruption in supply or demand[J]. European Journal of Operational Research, 1992, 59 (3): 370-382.

[34] Tomlin B. On the value of mitigation and contingency strategies for managing supply chain disruption risks[J]. Management Science, 2006, 52 (5): 639-657.

[35] Lin Y K. System reliability of a stochastic-flow network through two minimal paths under time threshold[J]. International Journal of Production Economics, 2010, 124 (2): 382-387.

[36] Lin Y K. Stochastic flow networks via multiple paths under time threshold and

budget constraint [J]. Computers & Mathematics with Applications, 2011, 62(6): 2629-2638.

[37] Mi J. Interval estimation of availability of a series system[J]. IEEE transactions on reliability, 1991, 40(5): 541-546.

[38] Upadhya K S, Srinivasan N K. Availability of weapon systems with multiple failures and logistic delays[J]. International Journal of Quality & Reliability Management, 2003, 20(7): 836-846.

[39] Myrefelt S. The reliability and availability of heating, ventilation and air conditioning systems[J]. Energy and Buildings, 2004, 36(10): 1035-1048.

第6章

扰动识别与系统弹性测评

6.1　研究背景

如前所述，弹性可以衡量系统在受到扰动后抵御扰动并快速恢复的能力。为了了解系统弹性，可以通过分析评价，也可以通过测试评估。然而目前弹性评估多采用分析方法，对测评方法研究较少，但之前学者们在弹性综合评估方面的一些研究成果，也可借鉴到系统弹性测评研究中。例如：Vugrin 等（2010）[1] 针对基础设施系统和经济系统提出了一个通用的弹性评估框架。该框架包括三部分：①为基础设施系统定义弹性；②确定度量系统弹性的定量模型；③评估系统内在特性以确定弹性度量结果。文章针对地震场景给出了弹性定性评估方法，具体包括五个步骤：识别感兴趣系统和子系统、识别系统性能指标、评估或仿真恢复路径、评估或仿真恢复工作、识别弹性增强特性和评估弹性能力。Shafieezadeh 等（2014）[2] 提出基于场景的弹性评估框架来评价关键基础设施弹性，并对一个港口城市仿真实现了给定扰动事件下在 $0 \sim T$ 时间内基于性能积分的系统弹性分析评价。该评估框架主要包括：扰动强度度量指标的形成、系统组件性能、系统恢复计划、随机服务需求和系统运行模型等。该弹性评价方法考虑了多种不确定性，主要包括了灾难的强度概率模型、系统部件的性能、恢复模型、服务需求、系统操作模型等。Francis 和 Bekera（2014）[3] 针对工程系统和基础设施系统提出了一个弹性分析框架，包括系统辨识、弹性目标设定、脆弱性分析和相关利益者参与。他们认为弹性分析具有迭代性质，弹性测评流程是一个闭环过程。2014 年美国能源部[4] 召开了专门会议，讨论制定了关键基础设施弹性评估体系，其中给出了系统弹性测评的流程，包括七个步骤，即定义弹性目标、构建弹性指标系统、定义扰动事件、评估扰动强度、系统建模、评估事故后果和评估弹性提升措施，如图 6.1 所示。Jeffers 等（2016）[5] 还提供了一个方法来分析城市在遭受不同攻击或者自然灾害下的弹性，该方法被用作分析

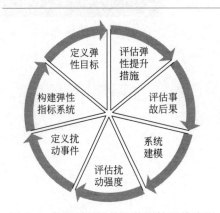

图 6.1　能源基础设施网络弹性评估流程

城市应对诺福克和汉普顿水道的洪水的弹性。

本章将围绕系统弹性测评方法展开研究，重点包括系统扰动识别和给定扰动下的弹性测评[6-8]。其中，扰动识别是弹性测评的基础，明确了系统可能遭受的扰动，以便有针对性地在弹性测评中选择样本对系统弹性行为进行评估；给定扰动下的弹性测评是系统弹性测评的一部分，本章给出了具体的实施方法，该方法可用于了解系统弹性水平，发现弹性薄弱环节，也可为给出系统弹性改进方法提供依据。

6.2 弹性度量

6.2.1 确定型弹性度量方法

本章采用 5.4 节中所阐述的弹性度量方法，但考虑到正常情况下，系统的性能未必完全能达到要求［即 $Q_0(t)$ 不一定总等于 1］，因此，针对现有确定型弹性参数在系统间弹性比较分析、物理含义和适用性等方面存在的问题，兼顾考虑无扰动下的系统性能可能非定值的情况，本文基于定义 5.1 中给出的系统弹性定义，考虑正常情况下系统性能归一化结果未必始终为 1，给出确定型弹性计算方法如下[7]：

$$\mathbb{R}_D = \frac{\int_{t_0}^{T_a+t_0} Q(t)\,\mathrm{d}t}{\int_{t_0}^{T_a+t_0} Q_0(t)\,\mathrm{d}t} \tag{6.1}$$

式中，$Q(t)$ 为扰动发生后的某时刻 t 的关键性能指标（KPI）归一化值；$Q_0(t)$ 为正常状态下某时刻 t 的 KPI 归一化值；t_0 为扰动事件发生的时刻；T_a 为用户所要求的恢复时间。该确定型弹性度量参数是 $Q(t)$ 和 $Q_0(t)$ 分别在区间 $[t_0, T_a+t_0]$ 内的性能积分的比值。图 6.2 给出了两种系统的弹性行为。图 6.2(a) 表示系统在最大允许时间内恢复到了初始性能，图 6.2(b) 表示系统没有在最大允许时间内完全恢复，其中 t_1 是系统性能完全恢复的时刻。这一确定型参数反映了系统受扰动后在所要求的恢复时间内的平均性能水平，适用于分析单次扰动。

由于系统性能指标不能实时获取且数值具有波动性，性能测量过程中往往采取的是等间隔测量，所以系统的性能积分可以用数值积分中的梯形公式来近似计算，如下式：

$$\int_{t_0}^{T_a+t_0} Q(t)\mathrm{d}t \approx \frac{\sum\limits_{k=1}^{s}\left[Q_k + Q_{k-1}\right]\Delta t}{2} \tag{6.2}$$

式中，Δt 为性能测量间隔；Q_k 为扰动发生后系统在第 k 个 Δt 时刻的性能参数归一化值。

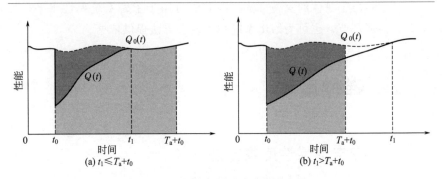

图 6.2　系统弹性基本参数示意图

6.2.2　系统关键性能参数选取与性能归一化

不同的关键性能参数通常具有不同的量纲，为了消除关键性能参数之间的不同量纲对弹性度量的影响，在弹性度量参数的构建之前，往往需要先将关键性能参数归一化[9-11]。

研究对象不同，关键性能参数不同，即便统一研究对象，也会存在多个性能参数的情况，因此，这里我们按照关键性能参数的特征将其分为望大型（即参数取值越大越好）、望小型（即参数取值越小越好）和望目型（即参数取值越接近目标值越好）三类，再逐一分析各类参数的性能归一化方法。举例来说，控制输出性能多为望目型参数，如伺服电机的输出目标值为给定信号；直接和间接经济收入为望大型参数；伤亡数多为望小型参数。下面针对不同类型的关键性能参数，说明如何将 t 时刻的 KPI 值 $P(t)$ 归一化为 $Q(t)$。

① 对于望大型关键性能参数，取性能最小可用值为 $P_{\min}$，性能阈值为 P_{th}，采用极大极小值法进行性能归一化如下：

$$Q(t)=\begin{cases}1, & P(t)\geqslant P_{\mathrm{th}}\\[2mm]\dfrac{P(t)-P_{\min}}{P_{\mathrm{th}}-P_{\min}}, & P_{\min}\leqslant P(t)<P_{\mathrm{th}}\\[2mm]0, & P(t)<P_{\min}\end{cases} \tag{6.3}$$

式中，当性能 $P(t)$ 达到（大于等于）阈值 P_{th} 时，取性能归一化值 $Q(t)=1$，说明此时系统性能满足要求；当性能 $P(t)$ 达不到性能最小可用值 P_{min} 时，取性能归一化值 $Q(t)=0$，说明此时系统性能完全不可用；当性能介于阈值 P_{th} 和最小可用值 P_{min} 之间时，则通过极大极小值法计算当前可用性能 $P(t)-P_{min}$ 占正常性能 $P_{th}-P_{min}$ 的百分比，与5.4 节所述"物流量"的归一化方法一致。

② 望小型关键性能参数与望大型相反，取性能最大可用值为 P_{max}，性能阈值为 P_{th}，类似地采用极大极小值法进行性能归一化如下：

$$Q(t)=\begin{cases} 1, & P(t)\leqslant P_{th} \\ \dfrac{P_{max}-P(t)}{P_{max}-P_{th}}, & P_{th}<P(t)\leqslant P_{max} \\ 0, & P(t)>P_{max} \end{cases} \quad (6.4)$$

式中，当性能 $P(t)$ 达到（小于等于）阈值 P_{th} 时，取性能归一化值 $Q(t)=1$，说明此时系统性能满足要求；当性能 $P(t)$ 大于性能最大可用值 P_{max} 时，取性能归一化值 $Q(t)=0$，说明此时系统性能完全不可用；当性能介于阈值 P_{th} 和最大可用值 P_{max} 之间时，则通过极大极小值法计算当前可用性能 $P_{max}-P(t)$ 占正常性能 $P_{max}-P_{th}$ 的百分比，与5.4 节所述"平均运输距离"的归一化方法一致。

③ 望目型关键性能参数需要将系统性能维持在一定范围之内，因此性能阈值有上下界（分别为 $P_{th,U}$ 和 $P_{th,L}$），再令 P_{min} 和 P_{max} 是性能参数规定的最小可用值和最大可用值，类似地采用极大极小值法进行性能归一化如下：

$$Q(t)=\begin{cases} 1, & P_{th,L}\leqslant P(t)\leqslant P_{th,U} \\ \min\left\{\dfrac{P(t)-P_{min}}{P_{th,L}-P_{min}}, \dfrac{P_{max}-P(t)}{P_{max}-P_{th,U}}\right\}, & P_{min}\leqslant P(t)<P_{th,L} \text{ 或 } P_{th,U}<P(t)\leqslant P_{max} \\ 0, & P(t)<P_{min} \text{ 或 } P(t)>P_{max} \end{cases}$$

$$(6.5)$$

式中，当性能 $P(t)$ 介于阈值 $P_{th,U}$ 和 $P_{th,L}$ 之间时，取性能归一化值 $Q(t)=1$，说明此时系统性能满足要求；当性能 $P(t)$ 大于性能最大可用值 P_{max} 或小于性能最小值 P_{min} 时，取性能归一化值 $Q(t)=0$，说明此时系统性能完全不可用；当性能介于阈值和极值之间时，则通过极大极小值法计算当前可用性能占正常性能的百分比，当性能 $P(t)$ 介于阈值 $P_{th,U}$ 和性能最大值 P_{max} 之间时，算法与望小型一致，当 $P(t)$ 介于阈值 $P_{th,L}$ 和性能最小值 P_{min} 之间时，算法与望大型一致。

6.3 扰动识别

系统往往面临着各种各样的扰动事件，这种扰动既可能是来自系统外部的干扰，也可能是来自系统内部的故障。扰动按照来源不同可以分为外部扰动和系统性扰动，详细分类见图6.3。其中，常见外部扰动有地震、台风、信息攻击、物理攻击和人为误操作等；系统性扰动是指系统的内部故障，也即可靠性工程中故障。扰动按照其作用范围不同又可分为单点扰动和共因扰动。其中，单点扰动是指由于系统某个部位性能下降而导致系统性能下降的扰动；共因扰动则是指由共同的原因引起的系统多部位性能下降的扰动。系统可能面对的各类扰动是不可预测的，具有随机特性。在研究系统的弹性时，应首先明确系统可能遭到的扰动行为。

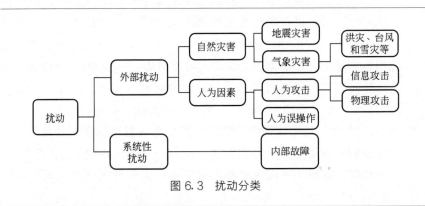

图6.3 扰动分类

扰动识别是指发现、辨认和描述系统在运行期间可能出现的各种扰动事件的过程，其目的是利用各种分析技术，确定使系统性能下降的各种可能的扰动事件、扰动强度及其频率，即解决在弹性测评时需要考虑哪些扰动及其概率的问题，从而建立扰动事件库并进行扰动样本选择。

6.3.1 扰动信息线索表

为了帮助分析者识别扰动，我们通过文献调研，查找了有关外部扰动（包含自然灾害和人为因素）和系统性扰动（内部故障）的数据库、研究者建立的统计模型、有关人为误操作和内部故障的分析方法，建立了如表6.1所示的扰动线索表。该表可为扰动识别提供数据来源和依据。随着后续研究的深入，线索表可以更深入、精细。

表 6.1 扰动线索表

扰动分类	外部扰动				系统性扰动
	自然灾害		人为因素		内部故障
	地震灾害	气象灾害	人为攻击	人为误操作	
数据库	地震中心在线数据库，如中国地震台网（CSN）、地震目录[12]，美国国家地震信息中心（NEIC）地震目录[13]，国际地震中心（ISC）地震目录[14]等，一般包含地震时间、地点（经纬度）、深度、震级等信息	气象灾害统计，如中国气象灾害大典：综合卷[15]和各个省份的地方卷，如中国气象灾害大典（北京卷）[16]等，包含灾害出现时间、地点和灾情（气象要素、造成的危害）等	工业控制系统网络攻击在线数据库 RISI：包含发生时间、事件描述和事件后果，美国国土安全部 ICS-CERT Year in Review	不适用	不适用
统计模型	灾害损失估计工具软件包：Hazus（潜在损失的模型）[17]，Hazus 损失评估方法对象建立了一系列的数学模型，来预测未来地震可能造成的破坏，如交通、电力供水等设施的破坏程度，以及计划恢复影响的评估费用总额。这些模型描述出地震震级与地面振动剧烈程度、建筑物和公共经济直接影响、修复费用和直接经济影响之间的相互关系。Poljansek 等（2012）[18]建立了基于地理信息系统的概率可靠性模型，以便生成系统由地震灾害造成的系统脆弱性曲线，从而了解系统性能的变化情况。童扬（2014）[19]通过建立地震对电力系统元件停运影响模型，利用蒙特卡罗算法，在	飓风对电力系统的影响：吴勇军等（2016）[21]建立电网输电线路在台风和暴雨灾害下的断线、倒塔、网络等故障的概率模型，分析了台风及暴雨对电网故障率的时空影响。冰灾对电力系统的影响：张恒旭等（2011）[22]建立了冰灾动态与电力动态混合仿真数学模型，设计了冰雪灾害下电力系统运行模拟程序，开发了初步的冰雪气象条件下电力系统运行模拟程序。王建军等（2011）[23]提出了一种随时间变化的气象模型，模拟了大规模冰灾模型，模拟了冰雪影响过程，并建立了元件损坏的模型	人为攻击对电力系统的影响：Zhu 等（2014）[26]对各类人为恐怖袭击对电力系统破坏方面进行了深入的探讨和分析。Zhu 等（2014）[27]建立了重放攻击数学建模，并分析了在重放攻击下网络控制系统性能的下降情况。Amin 等（2009）[28]从概率统计的角度分别建立了干扰信号和测量信号数据、传输信号和控制信号的 DoS 攻击模型。代明明（2016）[29]构建了电力系统局部区域的假数据注入攻击（false data injection attacks，FDIA）模型，包括理想注入攻击和实际注入攻击模型，并从理论分析和仿真实验两个方面探究了局部区域的 FDIA 对电力系统的影响。刘景力（2013）[30]提出了基于攻击树模型对信息物理系统进行风险评估的方法。张云贵（2015）[31]根据黑客对网络控制系统（NCS）通信信道的攻击	不适用	不适用

续表

扰动分类	外部扰动				系统性扰动
	自然灾害		人为因素		内部故障
	地震灾害	气象灾害	人为攻击	人为误操作	
统计模型	已知自然灾害发生概率的前提下,对区域内自然灾害对电力系统所造成影响的可能性和严重性后果进行评估 何永秀等(2011)[20]基于信息扩散理论,建立自然灾害模型,并从供电企业停电损失,电力设备损坏三个方面分析由于自然灾害所造成的电网损失程度	侯慧等(2014)[24]通过覆冰增长模型(长期增长模型和短期增长模型(对绝缘和机械受力等方面的建模),冰灾后果建模)说明了冰雪灾害对电力系统的影响 李佳等(2007)[25]分析了雷电灾害对工业控制系统危害的三种主要形式:直接雷击,感应雷击以及雷电电磁脉冲干扰	行为,建立了统一的信道攻击模型,实现对篡改,窃听,封锁,重播等典型报文攻击方式的数学描述.分析黑客对人为攻击的攻击行为,引入黑客攻击过程的攻击函数,建立了黑客对NCS控制过程进行攻击的攻击模型,对控制系统状态方程进行扩展,建立欺骗,DoS等典型攻击手段对典型攻击策略进行数学描述 马艺芸等(2015)[32]分析了恐怖袭击下路网路段的危险程度,确定恐怖袭击直接导致的失效路段范围,在此基础上研究恐怖袭击导致路段失效的流量再分配特征,建立后果评估指标体系,构建评价恐怖袭击对交通网络影响的数学模型 陶耀东等(2016)[33]分析了工业控制系统网络安全可能面临的威胁,并认为工控系统对"无意识威胁",构造解决两类威胁:对于物理环境需要解决防水,防火避雷等自然灾害,以避免自身...问题,采用PHM技术,监督预测管理设备到生命周期老化状态.对于恶意威胁源则需要采用多种安全技术 卢惠康(2014)[34]对常见的网络攻击方法进行研究,并运用常见典型工业控制网络攻击进行测试,完整复现遭受攻击后的恶劣后果 王华忠等(2013)[35]采用攻击树	不适用	不适用

续表

扰动分类	自然灾害		外部扰动		系统扰动
	地震灾害	气象灾害	人为攻击	人为因素	内部故障
统计模型			建模方法，建立攻击水处理厂计算机控制系统攻击树模型，对该控制系统的信息安全进行分析 曹华阴（2014）[36]给出统一描述社会域、信息域、物理域攻击方式的网络空间威胁跨域描述方法，构建关键基础设施网络跨域渗透式入侵模型	不适用	不适用
系统分析				操作人员任务分析，包含操作人员需要执行的活动内容，决策所需要的信息，可能的潜在错误等信息 人因差错识别：动作差错模式分析，包括人因差错模式和后果和人因差错原因，人因差错后果和风险评估等信息；人因HAZOP（危险与可操作性分析），动作等；系统（SHERPA），包括动作差错原因，动作减少和预测错误模式，概率和严重程度等 人因错误预测技术（THERP），可以进行任务分析以及人因错误识别化，人因错误概率量化（HEART），可以对指定环境下的人因可靠性和错误进行估计方法；认知可靠性和错误分析（CREAM），可以预测潜在的人因错误，也可以对错误进行量化和分析	故障模式与影响分析（FMECA），包含故障模式、故障原因、故障概率和故障严重程度和故障影响等信息

6.3.2　扰动识别过程

扰动识别主要包括三项工作：①扰动模式识别；②扰动发生率识别；③扰动强度识别。与故障模式影响分析（failure mode and effect analysis，FMEA）[37] 相似，扰动识别也可自底向上迭代进行，通过定义约定层次，逐级分析低层次的扰动对上一层次造成的影响。扰动识别结果可记录在如表 6.2 所示的表格中。

表 6.2　扰动识别与分析框架

初始约定层次：		分析人员：	审核：　　第　页　共　页	
约定层次：		批准：	填表日期：	

代码	产品	扰动模式	扰动发生率	扰动强度
扰动标识	被扰动作用的部件	对扰动模式的描述	单位时间内发生该扰动事件的次数	扰动引起系统性能下降的能力

表中各栏目的填写说明见表中相应栏目的描述。表中的"初始约定层次"处填写"初始约定层次"的产品名称；"约定层次"处则填写正在被分析的产品紧邻的上一层次产品名称，当"约定层次"级数较多（一般大于 3 级）时，应自底向上按"约定层次"的级别一直分析，直至"约定层次"为"初始约定层次"相邻的下一级时，才构成一套完整的扰动识别和分析表。

（1）扰动模式识别

扰动模式识别是扰动分析的基础和开端，在进行扰动分析时要求尽可能地列出系统所有可能的扰动类型。在扰动识别的过程中，应关注两种极端的情况：一种是扰动发生的可能性很低，但是一旦发生，其后果极为严重；另一种是发生的可能性很高，但每一次所造成的后果程度很低。无论是第一种情况下的后果极其严重，还是第二种情况下的频繁发生所带来的累积效应，都会对系统弹性分析造成很大影响。所以确定扰动模式必须考虑候选事件的广泛性，其范围小到系统可能发生的内部故障，大到极不可能发生的各种自然灾害，如地震、台风和雪灾等。当然，我们一般很难发现所有的扰动模式，如果是针对现存系统，可以根据历史事故或相关运行经验来识别扰动模式；如果是针对新研系统，则可利用相似环境、相似系统的经验等来识别扰动模式。表 6.1 所示的扰动线索表也可为分析者识别扰动提供帮助。

（2）扰动发生率识别

扰动发生率即相应扰动事件的发生概率。对扰动识别中的任一扰动事件，均应进行可能性的分析。扰动发生率可帮助确定弹性测评时抽样样本的选择。扰动发生率可以参考扰动线索表得出。

（3）扰动强度识别

同一类扰动事件会有不同的扰动强度，而这些扰动强度也对应了相应的概率。举例来说，台风强度不同，对系统产生的扰动也不同。因此，扰动强度的描述包含强度及其相对概率。例如台风的扰动强度可做如表 6.3 所示的描述。

表 6.3　扰动强度（台风，示例）

中心风力	相对概率
6 级	0.6
7~9 级	0.39
9~11 级	0.009
11~13 级	0.0007
13~15 级	0.0002
15~17 级	0.0001

6.4　给定扰动下系统弹性测评方法

给定扰动下系统弹性测评是在明确具体扰动后，对系统弹性进行的测试和评估，用于评估系统在该扰动下的弹性水平。对给定扰动下的系统弹性测评不仅能评估指定扰动下的系统弹性值，而且是随机扰动下系统弹性测评的基础。在随机扰动下系统弹性测评过程中，当确定完扰动样本之后，就可按本节给定扰动弹性测评的方法与步骤进行测评，得到各扰动样本对应的弹性估计值。

这里，我们假定系统关键性能指标（key performance indicators，KPI）有 v 个，分别为 $P_1, P_2, \cdots, P_v$，v 为正整数。给定扰动下系统弹性的测评流程如图 6.4 所示。

6.4.1　定义测试场景

考虑到不同场景下系统的响应是不同的（如网络对应的主要场景负载为流量），所以在系统弹性测评中首先要定义合适的测试场景。

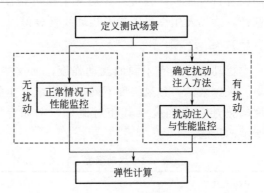

图 6.4　给定扰动下系统弹性测评流程

　　一般地，可以根据系统典型应用场景定义 u 个测试场景（$u=1$，$2,\cdots,u$），记为 $\text{Ben}_1,\text{Ben}_2,\cdots,\text{Ben}_u$。具体的测试场景因不同的系统及系统上运行的不同应用业务而不同，一般可以通过业务类型、使用方式和频率等要素进行表征。以 Yahoo 云服务 Benchmark（YCSB）项目（其目的是构建了一个标准化的 Benchmark，用于对不同系统在常用负载下进行比较）为例，其 Benchmark 要素包括读写比例、请求分布和请求大小等，并根据常见需求定义了 6 个基本 Benchmark。

6.4.2　正常情况下的性能监控

　　在正常情况（无扰动注入）下运行系统，并对关键性能参数进行监控记录。测试过程中，在测试时间为 T_a 内分别在被测系统上运行测试场景 $\text{Ben}_1\sim\text{Ben}_u$，测试人员通过提前部署的性能监控工具对关键性能参数 $P_1,P_2,\cdots,P_v$ 进行监控，每 Δt 时间记录性能参数测量值，记 Ben_i 场景下性能参数 P_j 在第 k 个 Δt 时刻的性能参数测量值为 $P_{i,j,k,0}$。根据所度量性能参数属于望大型、望小型或望目型，选取式（6.3）～式（6.5）对性能测量值 $P_{i,j,k,0}$ 进行归一化，得到归一化结果 $Q_{i,j,k,0}$。

　　在测试过程中，Δt 为评价的时间粒度，时间粒度应选取合适，时间粒度过大会导致计算结果误差过大；过小则会增大性能监测需求，在实际应用中带来不便。

6.4.3　确定扰动注入方法

　　扰动注入是通过人为地在目标系统中引入外部扰动或系统性扰动，

以加速系统产生性能降级或故障，然后通过分析扰动引入后的系统性能降级和恢复行为，实现系统弹性测评。这里，扰动注入方法是维修性、测试性核查与验证中关于故障注入（系统性扰动）在外部扰动行为方面的推广。

扰动注入方法按扰动注入的运行环境及目标系统形式，可以划分为基于物理实现的扰动注入和基于模拟实现的扰动注入[38]。其中，基于物理实现的扰动注入又分为基于硬件实现的扰动注入和基于软件实现的扰动注入，以及综合了基于软件和硬件注入方法的混合注入；基于模拟实现的扰动注入则可分为晶体管开关级模拟扰动注入、逻辑级模拟扰动注入和功能级模拟扰动注入，具体分类如图 6.5 所示。

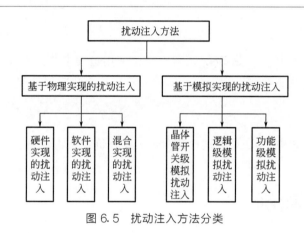

图 6.5　扰动注入方法分类

6.4.4　扰动注入与性能监控

将给定扰动按照 6.4.3 节给出的扰动注入方法作用于正常运行的被测系统中，并对扰动注入后系统关键性能参数的变化情况进行监控。扰动注入与性能监控的原理图如图 6.6 所示。

测试过程中，分别在被测系统上运行测试场景 $Ben_1 \sim Ben_u$，并将扰动注入正常运行的被测系统中。测试人员在测试时间 T_a 内对系统关键性能参数 $P_1, P_2, \cdots, P_v$ 进行

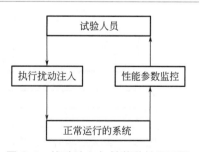

图 6.6　扰动注入与性能监控原理图

监控，每 Δt 时间记录扰动注入后性能参数的测量值。记扰动注入后在 Ben_i 场景下性能参数 P_j 在第 k 个 Δt 时刻的性能参数测量值为 $P_{i,j,k}$，其中 Δt 为评价的时间粒度。然后应用式(6.3)~式(6.5)对参数 $P_{i,j,k}$ 进行归一化，得到系统归一化性能值 $Q_{i,j,k}$。

6.4.5　弹性计算

根据 6.2 节给出的系统确定型弹性度量方法，实现各关键性能参数在给定场景下的弹性计算，得到 $\mathbb{R}_{D,i,j}$。之后，再根据给定场景在使用中所占比例，综合得到给定扰动的基于关键性能参数 j 的弹性评估结果。

$$\mathbb{R}_{D,j} = \sum_{i=1}^{u} \mathbb{R}_{D,i,j}\delta_i \qquad (6.6)$$

式中，δ_i 是 Ben_i 场景在整个使用过程中所占时长比例。若要对各种关键性能参数进行综合，则考虑其在系统性能评价中占的权重进行：

$$\mathbb{R}_D = \sum_{j=1}^{v} \mathbb{R}_{D,j}\omega_j \qquad (6.7)$$

式中，ω_j 是关键性能参数 j 在评价中所占权重。

6.5　案例

6.5.1　问题描述

这里，我们以某通过无线网络控制的直流伺服电机为例，介绍如何应用本章介绍的扰动识别和弹性测评方法。该直流伺服电机系统结构图如图 6.7 所示。该系统由直流电机、传感单元、执行单元、控制器和网络单元组成，是一个含有"感知-分析-决策-执行"的典型单元级 CPS 系统。其中，传感单元节点周期性地采集直流电机的转速，并通过无线网络发送给控制器

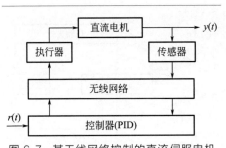

图 6.7　某无线网络控制的直流伺服电机的系统结构图

节点，控制器节点处理该数据得出控制信号，再通过无线网络将控制信号发送到执行单元，执行单元根据控制信号和参考输入信号（用户期望得到的电机转速）对被控对象实施作用，从而实现对直流电机转速的伺服控制。

6.5.2 扰动识别

按照 6.3 节所述方法，定义"初始约定层次"为无线控制的直流伺服电机，"最低约定层次"为传感单元、执行单元、直流电机、网络单元和控制器等，并结合扰动线索表，对该系统进行扰动识别，结果如表 6.4 所示。

表 6.4 某无线网络控制直流伺服电机扰动识别与分析框架

初始约定层次：直流伺服电机　分析人员：×××　审核：×××　第 1 页　共 1 页

约定层次：直流伺服电机　　批准：×××　　　　填表日期：2018-8-××

代码	产品	扰动模式	扰动发生率 $/10^{-6}\mathrm{h}^{-1}$	扰动强度
1	传感单元	短路	30	断路
2		断路	60	断路
3		传感单元卡死[39,40]	80	卡死
4		传感单元恒增益变化[39,40]	300	比例系数 β 服从正态分布 $N(1,0.05^2)$
5		传感单元恒偏差失效[39,40]	200	偏差值 Δ 服从均匀分布 $U[-0.2,0.2]$
6		传感单元噪声干扰	330	随机偏差 $x(t)$ 服从均匀分布 $U[-0.05,0.05]$
7	直流电机[41]	无法启动	320	无法启动
8		运行异常	28	转速偏差服从正态分布 $N(0,5^2)$
9	网络单元	网络带宽占用	60	带宽占用服从均匀分布 $U[20\%,40\%]$
10		网络丢包	120	丢包率服从均匀分布 $U[0.6,0.9]$
11	控制单元[42]	控制资源被占用	240	计算资源占用服从均匀分布 $U[60\%,90\%]$
12		死机	60	死机

续表

代码	产品	扰动模式	扰动发生率 /$10^{-6}h^{-1}$	扰动强度
13		执行单元卡死	160	卡死
14		执行单元恒增益变化	130	比例系数 β 服从正态分布 $N(1,0.05^2)$
15	执行单元[43]	执行单元恒偏差失效	150	偏差值 Δ 服从均匀分布 $U[-0.2,0.2]$
16		执行单元噪声扰动	320	随机偏差 $x(t)$ 服从均匀分布 $U[-0.05,0.05]$
17	整机	地震	1.14	震级服从里氏[6,8] 级的均匀分布
18	整机	洪水	220	淹没深度服从均匀分布 $U[0.1,0.3]$

6.5.3 弹性测评

这里我们采用由瑞典隆德大学 Henriksson 等开发的一个基于 Matlab/Simulink 的实时网络控制系统仿真工具箱——TrueTime 建立无线控制的直流伺服电机仿真模型。无线控制的直流伺服电机仿真模型如图 6.8 所示，该模型主要由传感单元/执行单元节点、控制器节点和无线网络模块等构成。传感单元/执行单元节点和控制器节点均通过实时内核模块（TrueTime kernel）来模拟，节点功能通过 Matlab 编程实现；无线网络节点通过无线网络模块（TrueTime wireless network）的网络相关配置来实现，模拟网络传输过程；直流电机用传递函数 $G(s)=1000/(s^2+s)$ 进行建模。

这里，我们对无线网络遭受大流量拒绝服务攻击（DoS 攻击）致使30%的网络带宽被占用这一给定扰动行为进行弹性测评，用户定义的系统最大允许恢复时间假设为 $T_a=10s$，关键性能指标选取控制性能参数 P_1，它反映了该系统对直流电机的控制能力，能够表征系统对参考输入信号的跟踪能力，P_1 参数是望目型参数，它的目标值为参考输入信号，即由用户设定的直流电机的期望的转速值（本例中设定为一个周期性的方波信号 P）。考虑到系统正常情况下的控制性能输出，我们定义 P_1 的阈值下界 $P_{th,L}$ 和阈值上界 $P_{th,U}$ 分别规定为 $P\pm0.05$，即认为控制性能参数 P_1 与参考信号相差 0.05 之内系统无性能损失。考虑到在期望转速为额定转速的情况下，P_1 的超调量超过额定转速的 20% 可能会损坏电机，所以关键性能参数 P_1 的最小可用值 P_{min} 和最大可用值 P_{max} 规定为 $P \pm 0.20$。

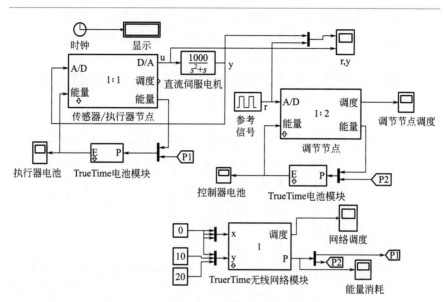

图 6.8　某无线控制的直流伺服电机仿真模型

（1）定义测试场景

根据 6.4 节所述方法，测评过程中，首先根据该系统的实际使用情况定义测试场景。由于该对象使用场景单一，因此只设置了一个测试场景 Ben_1。该测试场景中，系统使用了固定优先级调度策略，传感单元感测周期为 10ms，系统中无线网络的主要参数如表 6.5 所示。

表 6.5　无线网络主要参数表

参　数	取　值
网络带宽	800Kbps
最小帧长	272bits
最大传输功率	30dBm
接收器信号阈值	−48dBm
ACK 超时	40μs
误码阈值	0.03
丢包率	0
最大重传次数	5

（2）正常情况下性能监控

系统在测试场景 Ben_1 下正常运行 $T_a=10\mathrm{s}$，通过 Simulink 中的 Scope 模块每 $\Delta t=10\mathrm{ms}$ 记录一次关键性能参数的 P_1 值。系统在正常状态下，其性能变化情况如图 6.9 所示，其中实线表示参数 $P_{1,1,k,0}(k=1,2,\cdots,1000)$ 的变化，虚线表示该无线网络控制的直流电机期望达到的转速。很显然，实线越接近于虚线说明系统的性能越好。根据式(6.5)，可将 $P_{1,1,k,0}$ 归一化为 $Q_{1,1,k,0}$。

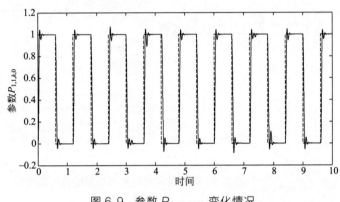

图 6.9　参数 $P_{1,1,k,0}$ 变化情况

（3）确定扰动注入方法

本案例中，设定的给定扰动为大流量拒绝服务攻击（DoS 攻击），使 30% 的网络带宽被占用。在系统的仿真模型中添加一个用于向网络发送干扰流量的干扰节点（图 6.10 左下角）可以模拟该扰动。通过对扰动节点编程建立具有最高优先级的干扰任务，使该节点周期性地向网络中发送占网络带宽 30% 的数据。该扰动注入方法属于模拟实现的扰动注入方法。

（4）扰动注入与性能监控

通过设置干扰节点参数注入网络带宽被占用 30% 的扰动。显然网络带宽被占用过大将导致系统的信号传输出现较大时延，从而会导致系统对直流电机的控制性能下降。

在测试场景 Ben_1 下注入扰动，使系统运行 $T_a=10\mathrm{s}$，通过设置 Scopes 模块参数，每隔 10ms 记录一次控制性能参数 P_1，其性能变化情况如图 6.11 所示。其中，实线表示参数 $P_{1,1,k}(k=1,2,\cdots,1000)$ 的变化，虚线表示该无线网络控制的直流电机期望达到的转速。对比图 6.11

与图 6.9，可发现在注入扰动后控制性能参数 P_1 的稳定性有显著下降的趋势，也就是扰动注入后系统控制性能下降。最后，根据式(6.5)，可将 $P_{1,1,k}$ 归一化为 $Q_{1,1,k}$。

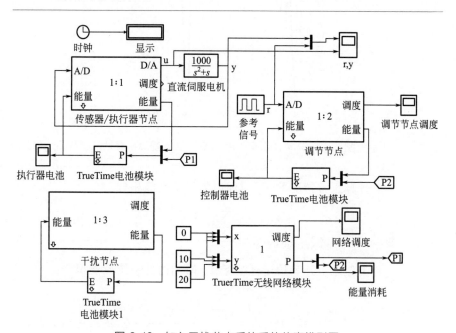

图 6.10　加入干扰节点后的系统仿真模型图

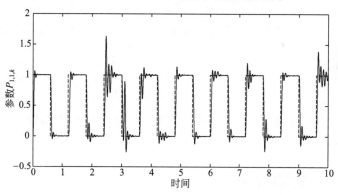

图 6.11　网络带宽扰动注入后参数 $P_{1,1,k}$ 变化情况

（5）弹性计算

图 6.12 给出了扰动（带宽占用 30%）注入前后，系统归一化后的性能参数输出情况。图中虚线表示系统正常状态时的归一化性能曲线，实线表示扰动作用下的归一化性能曲线。

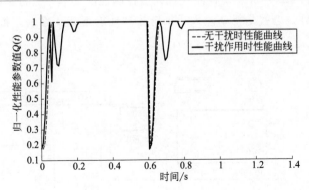

图 6.12 扰动（带宽占用 30%）注入前后系统性能参数归一化曲线

计算正常情况下 T_a 时间内的系统性能积分：

$$\int_{t_0}^{T_a+t_0} Q_{1,1,0}(t)\,\mathrm{d}t \approx \frac{\sum_{k=1}^{N}\left[Q_{1,1,k,0}+Q_{1,1,k-1,0}\right]\Delta t}{2}=9.496$$

类似地，计算给定扰动下 T_a 时间内的系统性能积分：

$$\int_{t_0}^{T_a+t_0} Q_{1,1}(t)\,\mathrm{d}t \approx \frac{\sum_{k=1}^{N}\left[Q_{1,1,k}+Q_{1,1,k-1}\right]\Delta t}{2}=9.081$$

如此，可得到注入 30% 通信带宽被占用这一扰动后，该直流伺服电机系统关键性能参数 P_1 在测试场景 Ben_1 下的系统弹性值为：

$$\mathbb{R}_{D,1,1}=\frac{\int_{t_0}^{T_a+t_0} Q_{1,1}(t)\,\mathrm{d}t}{\int_{t_0}^{T_a+t_0} Q_{1,1,0}(t)\,\mathrm{d}t}\approx\frac{9.081}{9.496}=0.956$$

由于这里仅有一个测试场景和一个关键性能参数，因此 $\mathbb{R}_D=\mathbb{R}_{D,1}=\mathbb{R}_{D,1,1}=0.956$。

6.5.4 影响分析

(1) 参数 T_a 的取值对弹性的影响

参数 T_a 为由用户定义的系统最大允许恢复时间，参数 T_a 的不同取值对系统弹性值的影响见图 6.13，系统弹性随着参数 T_a 的变化在均值为 0.959、方差为 0.006 附近波动。这是因为该系统在克服扰动的调节过程中呈现出明显的振荡衰减特性，所以随着参数 T_a 的选择不同，弹性值会有所不同。

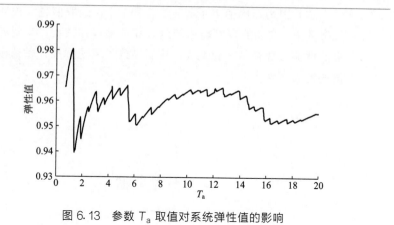

图 6.13　参数 T_a 取值对系统弹性值的影响

（2）$P_{th,L}$ 和 $P_{th,U}$ 的取值对弹性的影响

参数 $P_{th,L}$ 和 $P_{th,U}$ 分别为望目型关键性能参数的阈值下界和阈值上界，如果满足相应的阈值要求，$Q(t)$ 的值将会取 1，如果不满足相应的阈值要求，则会应用式（6.5）进行归一化处理。本案例中取 $(1\pm\Delta_{th}\%)P$ 作为阈值上下限，通过参数 Δ_{th} 来研究参数 $P_{th,L}$ 和 $P_{th,U}$ 的取值对系统弹性评估值的影响，其中 Δ_{th} 为相应阈值要求与参考信号 P 的偏差。参数 Δ_{th} 取值的不同对系统弹性值的影响见图 6.14。由图 6.14 可知，参数 Δ_{th} 的取值对系统弹性取值有显著影响，即系统弹性评估值随着参数 Δ_{th} 取值的增大而增大。

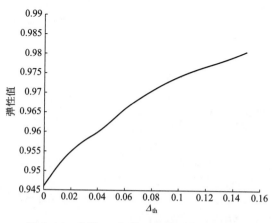

图 6.14　参数 Δ_{th} 取值对系统弹性值的影响

这是因为，阈值上下界 $P_{th,L}$ 和 $P_{th,U}$ 的取值越大说明系统对控制性能参数 P_1 波动的容忍能力越强，相应地应用式（6.5）进行归一化时，更多的性能参数被归一化为 1，从而导致了系统弹性评估值随着参数 Δ_{th} 取值的增大而增大。

参考文献

[1]　Vugrin E D, Warren D E, Ehlen M A, et al. A framework for assessing the resilience of infrastructure and economic systems[M]// Sustainable and resilient critical infrastructure systems. Springer Berlin Heidelberg, 2010: 77-116.

[2]　Shafieezadeh A, Burden L I. Scenario-based resilience assessment framework for critical infrastructure systems: case study for seismic resilience of seaports [J]. Reliability Engineering & System Safety, 2014, 132（12）: 207-219.

[3]　Francis R, Bekera B. A metric and frameworks for resilience analysis of engineered and infrastructure systems[J]. Reliability Engineering & System Safety, 2014, 121（1）: 90-103.

[4]　Watson J P, Guttromson R, Silva-Monroy C, et al. Conceptual framework for developing resilience metrics for the electricity, oil, and gas sectors in the United States [R]. Albuquerque, New Mexico: Sandia National Laboratories, 2014.

[5]　Jeffers RF, Shaneyfelt C, Fogleman WE, et al. Development of an urban resilience analysis framework with application to Norfolk, VA[R]. Albuquerque, NM（United States）: Sandia National Laboratories, 2016.

[6]　马文停. 随机扰动下信息物理系统弹性测评方法研究[D]. 北京: 北京航空航天大学, 2018.

[7]　Ma W, Li R, Jin C, et al. Resilience test and evaluation of networked control systems for given disturbances[C]// The 2nd international conference on reliability systems engineering（ICRSE）. IEEE, 2017: 1-5.

[8]　Li R, Tian X, Yu L, et al. A systematic disturbance analysis method for resilience evaluation[J]. Sustainability, 2019, 11（5）:1447.

[9]　Bruneau M, Chang S E, Eguchi R T, et al. A framework to quantitatively assess and enhance the seismic resilience of communities [J]. Earthquake Spectra, 2003, 19（4）: 733-752.

[10]　Reed D A, Kapur K C, Christie R D. Me-thodology for assessing the resilience of networked infrastructure [J]. IEEE Systems Journal, 2009, 3（2）: 174-180.

[11]　Ouyang M, Dueñas-Osorio L, Min X. A three-stage resilience analysis framework for urban infrastructure systems [J]. Structural Safety, 2012, 36（4）:

23-31.

[12] 中国地震台网中心.http: //www.csndmc. ac.cn/newweb/data/csn_catalog_p001.jsp.

[13] 美国地质勘探局，2017. https: //earthquake.usgs.gov/earthquakes/.

[14] 国际地震中心，2017. http: //www.csndmc. ac. cn/newweb/data/isc _ catalog _ p001.jsp.

[15] 温克刚，丁一汇. 中国气象灾害大典：综合卷[M]. 北京：气象出版社，2008.

[16] 谢璞，郭文利，轩春怡. 中国气象灾害大典：北京卷[M]. 北京：气象出版社，2005.

[17] 美国联邦应急管理署，2017. https: // www.fema.gov/hazus.

[18] Poljanšek，K，Bono F，Gutiérrez E. Seismic risk assessment of interdependent critical infrastructure systems: the case of European gas and electricity networks[J]. Earthquake Engineering & Structural Dynamics 2012, 41（1）：61-79.

[19] 董扬. 自然灾害影响下的电力系统风险评估及其规划研究 [D]. 沈阳：东北大学，2014.

[20] 何永秀，朱茳，罗涛，等. 城市电网规划自然灾害风险评价研究[J]. 电工技术学报，2011，26（12）：205-210.

[21] 吴勇军，薛禹胜，谢云云，等. 台风及暴雨对电网故障率的时空影响[J].电力系统自动化，2016，40（2）：20-29.

[22] 张恒旭，刘玉田. 极端冰雪灾害对电力系统运行影响的综合评估[J]. 中国电机工程学报，2011，31（10）：52-58.

[23] 王建学，张耀，吴思，等. 大规模冰灾对输电系统可靠性的影响分析[J]. 中国电机工程学报，2011，31（28）：49-56.

[24] 侯慧，李元晟，杨小玲，等. 冰雪灾害下的电力系统安全风险评估综述[J]. 武汉大学学报（工学版），2014，47（3）：414-419.

[25] 李佳，杨仲江，高贵明. 工业控制系统的雷电灾害防护技术研究[J]. 灾害学，2007，22（2）：51-55.

[26] Zhu Y，Yan J，Tang Y，et al. Resilience analysis of power grids under the sequential attack[J]. IEEE Transactions on Information Forensics and Security，2014，9（12）：2340-2354.

[27] Zhu M，Martínez S. On the performance analysis of resilient networked control systems under replay attacks[J]. IEEE Transactions on Automatic Control，2014，59（3）：804-808.

[28] Amin S，Cárdenas A A，Sastry S S. Safe and secure networked control systems under denial-of-service attacks [C]. International Workshop on Hybrid Systems: Computation and Control. Berlin，Heidelberg: Springer，2009: 31-45.

[29] 代明明.电力系统局部区域假数据注入攻击研究[D]. 成都：西南交通大学，2016.

[30] 刘景力. 信息物理系统风险评估分析与设计[D]. 北京：北京邮电大学，2013.

[31] 张云贵. 信息物理融合的网络控制系统安全技术研究[D]. 哈尔滨：哈尔滨工业大学，2015.

[32] 马艺芸. 恐怖袭击对路网影响后果研究[D]. 成都：西南交通大学，2015.

[33] 陶耀东，李宁，曾广圣. 工业控制系统安全综述[J]. 计算机工程与应用，2016，52（13）：8-18.

[34] 卢慧康. 工业控制系统脆弱性测试与风险评估研究[D]. 上海：华东理工大学，2014.

[35] 王华忠，颜秉勇，夏春明. 基于攻击树模型的工业控制系统信息安全分析[J]. 化工自动化及仪表，2013，40（2）：219-221.

[36] 曹华阳. 关键基础设施网络安全模型与安全机制研究[D]. 长沙：国防科学技术大学，2014.

[37] GJB/Z 1391—2006. 故障模式，影响及危害性分析指南 [S]. 北京：总装备部，2006.

［38］ 徐光侠. 分布式实时系统的软件故障注入及可靠性评测方法研究[D]. 重庆：重庆大学，2011.

［39］ 房方，魏乐. 传感器故障的神经网络信息融合诊断方法[J]. 传感技术学报，2000，13（4）：272-276.

［40］ 蔡鹃. 控制系统的神经网络故障诊断方法[D]. 长沙：湖南大学，2009.

［41］ 王吉文，陈建军，赵宇红. 电动机启动故障分析及处理[J]. 电子世界，2014（4）：39-39.

［42］ 本书编写组. PLC故障信息与维修代码速查手册[M]. 北京：机械工业出版社，2014.

［43］ 高闪，梅劲松. 输入非线性系统的执行器故障容错控制[J]. 信息与控制，2015，44（4）：463-468.

第7章

复杂网络系统
弹性规律研究

7.1 研究背景

复杂系统往往呈现出结构复杂性特征，通过复杂网络理论和方法可以很好地描述这类系统的内部结构和彼此间的相互联系。通常，网络结构系统可看作是由一系列部件（子系统）彼此连接组成的，如果将这些部件抽象为节点，部件间的连接关系抽象为边，则可用复杂网络的方法表示系统的结构关系。复杂系统的弹性特征非常明显，一方面来源于系统的拓扑结构，另一方面来源于部件自身的弹性。复杂网络理论为这类系统弹性研究提供了一个全新的视角，复杂网络不仅是一种数据的表现形式，它同样也是一种科学研究的手段，最终目标是更好地理解系统行为。

Gao 等（2015）[1] 在关于复杂网络弹性最新进展的综述中提出，对于复杂网络弹性的研究主要基于三个因素：网络结构、网络动力学和故障机理。根据上述复杂网络弹性研究关注点，我们总结了目前该领域的相关主要研究成果。

7.1.1 基于网络拓扑参数的弹性度量

目前，针对复杂网络弹性的研究大都以目标网络的某一个（或多个）拓扑结构特征参数作为弹性的度量基础，进而探索这些指标参数随故障/干扰节点比例的变化规律，以及不同网络结构对网络弹性的影响。例如：Najjar 和 Gaudiot（1990）[2] 将网络弹性定义为网络 G 以概率 $1-p$ 保持连接时可以承受的最大节点故障数，即 $NR(G,p) = \max\{I \mid \sum_{i=1}^{I} P(G,i) \leqslant p\}$。并在此基础上定义了相对网络弹性，用以反映网络以概率 $1-p$ 保持连接时可以承受的最大节点故障数占网络节点数的比例，即 $RNR(G,p) = NR(G,P)/n$。在小于 1% 的中断概率下，分析一些规则网络（如立方环、圆环、超立方体）的网络弹性随网络规模的变化规律，发现当网络度不变时，网络弹性为网络节点数 n 的递减函数，因此度相同的大规模网络比小规模网络更易产生中断故障。Klau 和 Weiskircher（2005）[3] 在他们的研究中也采用了 Najjar 和 Gaudiot（1990）[2] 的网络弹性定义。在网络弹性研究中，研究者基于删除最重要节点对网络影响最大的假设提出了许多不同的蓄意攻击策略，因此图论中的节点重要度指标，如度、接近度、强度、介数中心性和聚类系数，也用作了节点删除的排序准则。Osei-Asamoah 和 Lownes（2014）[4] 在对生物网和实际交通网拓扑弹性的研究中，通过在仿真中对链路施加蓄意和随机干扰，分析两种情况下网络弹性随链路故障比例的变化趋势，以及识别性能下降 50% 时的链路故障比例。其中，弹性度量指标包括：① 全局效率（global efficiency）$\Psi(G) = \dfrac{1}{n(n-1)} \sum_{i \neq j \in G} \dfrac{1}{d_{ij}}$，式中，$n$ 为网络 G 中节点的数量；d_{ij} 为节点 i 与节点 j 之间的最短距离；② 最大连通子团的相对大小（relative size of giant component）：$\Phi_E = \dfrac{E'_G}{E_G}$，式中，$E'_G$ 和 E_G 分别为干扰后最大连通子团链路数量和未受干扰网络中链路数量。进一步，通过皮尔逊相关系数分析网络弹性与网络拓扑（平均度、聚类系数、密度）间的关系。在网络科学的研究中，效率一般用于度量网络节点间信息是如何被有效地交换的，而最大连通子团的相对大小用来表示网络的拓扑完整性。与此类似的是，Berche 等（2009）[5] 在对公共交通网络遭受攻击后的弹性行为研究中，选择与网络崩溃有关的最大连通子团（giant connected component）节点的相对变化 Φ_N 和网络效率作为网络行为变化的信号，其中，$\Phi_N = N'_G / N_G$，N'_G 和 N_G 分别是扰动后和正常情况下网络中的最大连通子团节点个数。考虑到用最大连通子团的大小来表征复杂网络弹性时，由于通常关注网络完全崩溃时的临界值 q_c，容易忽略网络遭受一个大的损害但并未完全崩溃的情况，因此 Schneider 等（2011）[6] 提出了在所有可能恶意攻击期间考虑最大连通子团规模的鲁棒性度量 $R = \dfrac{1}{n} \sum_{Q=1}^{n} \Phi_N(Q)$，式中，$n$ 为网络节点数量；$\Phi_N(Q)$ 为删除 Q 节点后最大连通子团中节点的相对变化。Chen 和 Hero（2014）[7] 调查了不同中心性测度［介数、接近度、特征矢量中心性、度、局部费德勒向量中心性（LFVC）］攻击下的电网弹性——由攻击引起的最大连通子团规模的减少。采用他们提出的中心性攻击措施，攻击者可以仅攻击 0.2% 的节点数就使网络最大连通子团规模减小近 1/2。中心性指标确定后，通常采用顺序删除具有最高中心性度量结果的贪婪节点删除策略，即当节点删除后则重新计算中心性指标。在利用这些拓扑参数进行复杂网络弹性分析的基础上，研究者提出了通过边重构[4,7] 和边增加[7,8] 的方式提高网络弹性，从而有效预防网络系统遭受基于中心性的攻击。Dkim 等（2017）[9] 在对韩国电网的弹性分析中，用网络效率度量网络对节点故障或级联故障和恢复的响应。类似地，Ghedini 等（2014）[10] 提

出了基于效率度量来减弱中心节点故障影响的机制，降低网络系统的整体脆弱性。他们通过在网络中增加新的链路，显著降低了攻击和故障对所评估属性（网络效率和最大连通子团）的影响。Zhao 等（2011）[11] 根据不同的网络增长模型生成了相同规模的三类供应网络［随机、无标度和 DLA（degree and locality-based attachment）］，以供应可用率（供应需求可得到满足的节点所占百分比）、最大功能子网规模（最大功能子网的节点数）和最大功能子网（largest functional subnetwork，LFSN）的平均路径长度和最大路径长度作为弹性度量参数来研究上述三类供应网络分别在随机干扰和蓄意干扰下的网络弹性行为，其中供应可用率 $A = |V_{BS}| / |V_B|$，$|V_B|$ 是需求节点数量，$|V_{BS}|$ 是可获得供应的需求节点数量；LFSN 的平均路径长度 $C_{avg} = \dfrac{\sum\limits_{i \in V_{LS}} \sum\limits_{j \in V_{LB}} d_{ij}}{|V_{LS}| |V_{LB}|}$，$|V_{LS}|$ 和 $|V_{LB}|$ 分别是 LFSN 的供应节点 V_{LS} 和需求节点 V_{LB} 的数量，d_{ij} 为节点 i 与节点 j 之间的最短距离；LFSN 的最大路径长度 $C_{max} = \max(d_{ij})$。与之前的研究相比，Zhao 等（2011）[11] 基于节点数和路径长度的弹性度量中更突出了使用需求。Pandit 和 Crittenden（2012）[12] 根据城市配水系统拓扑结构，提出了一种综合了 6 个网络属性的弹性指标，包括网络直径、特征路径长度、中心点优势度、崩溃临界比、代数连通度和网状系数，其中网络直径 $d = \max\limits_{i \neq j}(d_{ij})$ 为网络中任意两节点间最短距离的最大值，d_{ij} 为节点 i 与节点 j 之间的最短距离；特征路径长度 $l = \dfrac{1}{n(n-1)} \sum\limits_{i \neq j} d_{ij}$，$n$ 为网络中节点个数；中心点优势度 $c'_b = \dfrac{\sum\limits_{i=1}^{n} [c_b(n_k^*) - c_b(n_i)]}{n-1}$，$c_b(\cdot)$ 是节点的介数值，节点 n_k^* 为介数中心节点（即介数值最大），n_i 代表节点 i，n 为网络中节点数量；崩溃临界比 $f_c = 1 - \dfrac{1}{\kappa_0 - 1}$，$\kappa_0 = \langle \kappa_0^2 \rangle / \langle \kappa_0 \rangle$ 为扰动发生前网络节点的平均度；代数连通度 l_2 是归一化拉普拉斯矩阵的第二小特征值；网状系数 $r_m = \dfrac{f}{2n-5}$，f 是网络中环路数。前两个属性与系统效率相关，第三个属性反映了特定节点在维持网络完整性方面的能力，而最后三个属性是网络对一个或多个网络节点或链路故障后系统的鲁棒性和路径冗余的度量。

　　众所周知，根据工业界和学术界对系统弹性的理解，系统受干扰后的恢复能力被认为是系统弹性的重要体现。显然，上述这些基于网络拓扑结构参数的弹性研究仅仅关注网络中节点或边受到攻击/干扰后（通过节点/边的删除）这些拓扑参数的变化趋势，而忽略了网络的恢复过程。有学者在研究中已经考虑了系统扰动后的恢复过程，如 Bhatia 等（2015）[13] 也认为弹性量化需要测量故障和恢复两个过程，在对印度铁路网弹性量化中，以站点的随机故障和随机恢复作为基准故障和恢复过程，分别比较根据站点度量指标（度和流量）蓄意攻击下的故障过程和根据不同网络中心性测度（介数、特征矢量、紧密度）进行针对性恢复的恢复过程，进而得到最大连通子团相对变化大小 Φ_N 随站点故障/恢复比例的变化曲线。虽然这里网络系统弹性的量化从系统弹性定义的两个方面（即对扰动的吸收、抵抗和扰动后恢复的能力）出发，但故障过程和恢复过程为两个独立的过程，分别在基于节点属性的蓄意攻击策略和基于网络中心性的恢复策略下完成，没有很好地体现完整的弹性定义。

上述研究工作都是对网络整体进行弹性量化，而仅有少数研究关注网络系统中的单元/部件的弹性评估，也很少有针对网络节点弹性的一些相关定量方法。Rosenkrantz 等（2009）[14] 规定节点/边故障后得到的子网中一个节点的服务请求可由该子网的其他节点提供，则子网为自给自足（self-sufficient）。基于此作者定义了网络的边弹性和节点弹性，分别为使得该网络具有 k 边/节点故障网络仍然能自给自足的最大整数值。更进一步，赵洪利等（2015）[15] 针对网络信息系统，结合最大连通分支节点数和最大连通分支的平均最短路径分别定义了整网弹性度量和节点弹性度量，其中网络弹性度量为

$$\mathbb{R}_S = \frac{t(G-S)}{n} \times \frac{|S| + t(G-S)}{l(G-S)}$$

式中，$G-S$ 表示从 G 中移去 S 集合中节点所得到的图；$t(G-S)$ 表示 $G-S$ 最大连通分支节点数；n 为网络 G 的节点数；$|S|$ 表示被移去的（失效的）节点或边的个数；$l(G-S)$ 表示 $G-S$ 最大连通分支的平均最短路径；$t(G-S)/n$ 作为比例因子，用以消除不同规模的遗留分支可能出现相同平均最短路径的影响。节点弹性度量为：

$$\mathbb{R}_i = 1 - \frac{t(G-i)}{n} \times \frac{1 + t(G-i)}{l(G-i)} \bigg/ \left[\frac{t(G)}{n} \times \frac{t(G)}{l(G)} \right]$$

式中，$t(G-i)$ 和 $l(G-i)$ 分别表示去掉节点 i 后网络剩余的最大分支节点数和该最大分支的平均最短路径；$t(G)$ 和 $l(G)$ 表示原始网络 G 的最大连通分支节点数和该最大分支的平均最短路径。根据给定的弹性度量，他们分析了基于度的恶意攻击下，单节点攻击和大规模攻击时网络的弹性变化，发现即使该网络弹性较好，但骨干节点遭受大范围攻

击时网络也会瘫痪。

表 7.1 总结了基于拓扑参数的复杂网络弹性参数及其定义、表达式。

表 7.1 基于拓扑参数的复杂网络弹性参数及其定义、表达式

参数	定义	数学表达
最大节点故障数[2,3]	网络以概率 $1-p$ 保持连接时可以承受的最大节点故障数	①网络弹性：$$NR(G,p) = \max\{I \mid \sum_{i=1}^{I} P(G,i) \leqslant p\}$$ ②相对网络弹性：$RNR(G,p) = \dfrac{NR(G,p)}{n}$，其中 n 为网络 G 的节点数
最大连通子团规模（SCC，size of giant component）及在其基础上变化的度量[4-6,7,8,10,11,13]	扰动后最大连通子团规模的变化 最大连通子团规模表示网络拓扑完整性，其消失与网络崩溃有关	①最大连通子团的相对大小：$$\Phi_E = \frac{E'_G}{E_G} \text{ 和 } \Phi_N = \frac{N'_G}{N_G}$$ ②基于最大连通子团节点数的鲁棒性度量 $R = \dfrac{1}{n} \sum_{Q=1}^{n} \Phi_N(Q)$
全局效率（Global Efficiency）[4,5,9,10]	测量网络节点间信息是如何被有效地交换的	全局效率：$$\Psi(G) = \frac{1}{n(n-1)} \sum_{i \neq j \in G} \frac{1}{d_{ij}}$$
①供应可用率；②LFSN 平均供应路径长度和最大供应路径长度[11]	①可获得供应的需求节点所占百分比 ②LFSN 中所有供应节点和需求节点对之间的平均和最大最短路径长度	①供应可用率：$A = \lvert V_{BS} \rvert / \lvert V_B \rvert$ ②LFSN 平均供应路径长度：$$C_{avg} = \frac{\sum\limits_{i \in V_{LS}} \sum\limits_{j \in V_{LB}} d_{ij}}{\lvert V_{LS} \rvert \ \lvert V_{LB} \rvert}$$ LFSN 最大供应路径长度：$C_{max} = \max(d_{ij})$
网络结构度量组合[12]	①网络直径：最短测地路径的最大值 ②特征路径长度：最短路径长度平均值 ③中心点优势度：介数中心节点和其他节点之间的介数平均差值 ④崩溃临界率：当节点随机故障比例 f 超过 f_c，最大连通子团消失，网络崩溃 ⑤代数连通度：归一化拉普拉斯矩阵的第二小特征值 ⑥网状系数：网络中实际环路数与最大可能的环路数之比，网络路径冗余测度	①网络直径：$d = \max\limits_{i \neq j}(d_{ij})$ ②特征路径长度：$$l = \frac{1}{n(n-1)} \sum_{i \neq j} d_{ij}$$ ③中心点优势度：$$c'_b = \frac{\sum\limits_{i=1}^{n} \left[c_b(n_k^*) - c_b(n_i) \right]}{n-1}$$ ④崩溃临界率：$$f_c = 1 - \frac{1}{\kappa_0 - 1}$$ ⑤网状系数：$r_m = \dfrac{f}{2n-5}$

续表

参数	定义	数学表达
最大连通分支节点数＋最大连通分支平均最短路径[15]	网络节点之间物理和逻辑连通性最重要、最基本的"互联互通互操作"要素	$\mathbb{R}_S = \dfrac{t(G-S)}{n} \times \dfrac{\mid S \mid + t(G-S)}{l(G-S)}$

7.1.2 基于网络性能参数的弹性度量

当然，除了从拓扑结构对复杂网络的弹性进行度量，研究者也从系统性能角度开展了相应的研究。有的弹性度量是通过系统受扰动后的性能降级情况进行计算的，如 Garbin 和 Shortle（2007）[16] 提出用网络链路性能损坏百分比和节点性能损坏百分比作为网络弹性度量。类似地，在对海底通信线缆网络的弹性度量，Omer 等（2009）[17] 将网络系统的基本弹性定义为网络受到干扰后的信息传输量与干扰前的比：$\mathbb{R}_{网络} = \dfrac{V - V_{损失}}{V}$，其中网络初始的信息传输值 V 是需要通过网络传输的信息总量，传输的损失值 $V_{损失}$ 是线缆损坏导致的信息丢失量；同理他们也给出了端到端的弹性度量为干扰后两节点间信息传递量与干扰前的信息传递量之比：$\mathbb{R}_{节点} = \dfrac{V_{节点} - V_{节点损失}}{V_{节点}}$。与弹性三角关注性能下降和恢复过程不同，这里的网络弹性参数仅关注恢复结果，通过现有需求、容量和流量信息探索节点到节点的弹性和网络整体弹性。此外，Farahmandfar 等（2016）[18] 针对供水管网结合鲁棒性（管道或供水管网承受压力的能力）和冗余（系统补偿部件故障引起的损失的能力）提出了一个结合管道可靠性的弹性量化方法：$\mathbb{R} = \dfrac{\sum\limits_{i=1}^{N_n} \left\{ \left[\sum\limits_{j=1}^{N_i} (1 - P_{fj}) \right] Q_i \right\}}{4 \sum\limits_{i=1}^{N_n} (Q_i)}$。式中，$N_n$ 为供水管网的节点总数；N_i 为与节点 i 连接的链路总数（也被称为节点的度，冗余作为节点度的测度，是该弹性表达式的基础，并且随着节点度的增大，弹性 $\mathbb{R}$ 也增大）；P_{fj} 为链路 j 的故障率（受管道物理情况及其所受灾害强度的影响，由 $1 - P_{fj}$ 计算得到）；Q_i 为节点 i 每分钟的需求。还有一类弹性度量聚焦于系统受扰动后的恢复情况，如 Wang 等（2010）[19] 在企业信息系统的弹性度量研究中关注系统局部损坏后的恢复能力，他们用最大的恢复能力来测量企业信息系统的弹性，根据给定的各不同功能恢复顺序集合 $S=[(1),\cdots,(i),\cdots,(m)]$，给出了系统弹性测量：$\mathbb{R}=\max\sum_{i=1}^{m}w_i\dfrac{FR_i}{c_i(S)}\times\dfrac{FD_i}{d_i}$。式中，$c_i(S)$ 为功能集合 S 中第 i 个功能恢复完成时间；d_i 为功能 i 恢复所需要的时间；FD_i 表示系统所需功能 i（如网络服务器的性能可通过服务器支持的每秒最大访问量来衡量）的全部性能；FR_i 表示功能 i 可恢复的性能；w_i 为功能 i 在所有功能中的权重，代表功能 i 的重要性。进一步，若所有的功能都可完全恢复，系统弹性为 $\mathbb{R}=\max\sum_{i=1}^{m}w_i\dfrac{d_i}{c_i(S)}$，显然，若所有功能都可在所需时间内恢复，$\mathbb{R}$ 将大于 1；若所有的功能恢复不能在需求的时间内容完成，$\mathbb{R}$ 将小于 1，则 $\mathbb{R}$ 值越大系统弹性越好。当然，也有的弹性度量综合了性能降级和恢复过程，如天然气传输网络，其传输功能可能定义为在规定时间内输送到目的节点的商品总量，Golara 和 Esmaeily（2016）[20] 根据给定的传输功能提出了基于"弹性三角"概念的动态网络弹性度量，体现了网络系统干扰后的功能函数的下降和恢复过程，即 $\mathbb{R}(G,C_0)=\sum\int_{t_0}^{t_1}\left[100-\dfrac{\partial F_{AB(t)}}{\partial x_{ij(t)}}\right]dt$。式中，$t_0$ 和 t_1 为扰动发生时刻和系统性能完全恢复时刻；$F_{AB}(t)$ 为最大流情况下节点 A 和节点 B 之间 t 时刻的流量（节点 A 和节点 B 可以是管道两端或任意节点，为弹性度量的源点和宿点）；$x_{ij}(t)$ 为网络链路 ij（节点 i 到节点 j）的容量变化。

在基于网络性能的度量中，研究讨论了部件弹性与系统弹性的关系。例如，对物流网络，其基础功能是满足所有节点的供应需求。如果发生供应中断，能否快速恢复取决于三个关键因素：冗余资源、分布式供应和可靠的运输线路。从这个角度出发，Wang 和 Ip（2009）[21] 提出了一种物流网络弹性评估方法：首先通过需求节点对可能获得的供应总和与其供应需求之比进行节点弹性评估，即 $\mathbb{R}_i=\dfrac{\sum\limits_{j=1}^{g}p_j q_{(j,i)}\min\{d_i,s_j,c_{(j,i)}\}}{d_i}$。式中，$p_j$ 为供应节点 j 的可靠度，需求节点 i 对应的供应节点共 g 个；$q_{(j,i)}$ 为供应节点 j 到需求节点 i 的链路可靠度；d_i 为需求节点 i 的需求量；s_j 为供应节点 j 可提供的供应量；$c_{(j,i)}$ 为供应节点 j 到需求节点 i 的容量。然后，再对所有需求节点弹性加权求和，计算整个物流网的弹性，即 $\mathbb{R}=$

$$\sum_{i=1}^{n_1} \min\left\{ \frac{\sum_{j=1}^{n_2} s_j - \sum_{i=1}^{n_1} d_i}{d_i}, 1 \right\} w_i \mathbb{R}_i$$。式中，n_1 和 n_2 为供应节点数量；w_i 为需求节点 i 的权重，通过该节点需求量占总需求量之比计算。类似地，一个城市间运输系统的基础功能是将乘客或货物从起始城市运送到目的城市，一旦事故发生，恢复运输系统的有效方法是选择另一条路径，因此两个城市间运输功能的快速恢复很大程度上依赖于两城之间是否存在其他支路。基于这个思想以及 Steiglitz（1969）[22] 早期的研究结论——节点间的冗余连接会提高网络生存性（survivability），Ip 和 Wang（2011）[23] 认为城市节点的弹性可由网络中所有其他城市节点的可靠通路的加权和来评估，即 $\mathbb{R}_i = \sum_{j=1,j\neq i}^{n} v_j \sum_{k=1}^{m} \prod_{l \in L_k(i,j)} q_l$。式中，$v_j$ 为节点 j 的权重，通过节点 j 的人口数量除以网络中除了节点 j 以外其他节点的人口数量之和计算；q_l 为链路 l 的可靠度，$L_k(i,j)$ 为节点对 i 和 j 之间的第 k 条通道；m 为节点对 i 和 j 之间的通道数量；n 为网络中节点数量。然后通过所有节点弹性的加权和来计算网络弹性，即 $\mathbb{R}(G) = \sum_{i=1}^{n} w_i \mathbb{R}_i$。式中，$w_i$ 为节点 i 的权重，通过其所占节点人口数量比重计算。这里，Wang 和 Ip 都从系统如何从事故中快速恢复的角度来量化系统弹性，没有考虑系统对干扰的抵抗、吸收及适应能力。另外，虽然他们通过加权求和建立了网络整体弹性和节点弹性之间的关系，但仅根据物流系统节点的需求和运输系统城市节点的人口数确定的权值来计算网络整体弹性，没有反映节点弹性与网络弹性间存在的内在联系。

表 7.2 列举了基于性能的复杂网络弹性度量方法。

表 7.2　基于性能的复杂网络弹性度量方法

实际网络系统	系统功能/性能	数学表达
海底通信线缆网络[17]	①功能:信息传递 ②性能:通过网络传输的信息量	①节点弹性: $\mathbb{R}_{\text{节点}} = \dfrac{V_{\text{节点}} - V_{\text{节点损失}}}{V_{\text{节点}}}$ ②网络弹性: $\mathbb{R}_{\text{网络}} = \dfrac{V - V_{\text{损失}}}{V}$
供水管网[18]	①功能:供水 ②性能:管道可靠性,节点度	网络弹性 $\mathbb{R} = \dfrac{\sum\limits_{i=1}^{N_n} \left\{ \left[\sum\limits_{j=1}^{N_i} (1 - P_{fj}) \right] Q_i \right\}}{4 \sum\limits_{i=1}^{N_n} (Q_i)}$

续表

实际网络系统	系统功能/性能	数学表达
企业信息网络系统[19]	①多种功能组合 ②性能:如网络服务器功能的性能为服务器所支持的每秒最大访问量	服务系统弹性: $$\mathbb{R} = \max \sum_{i=1}^{m} w_i \frac{FR_i}{c_i(S)} \times \frac{FD_i}{d_i}$$
天然气输送网络[20]	①功能:传输 ②性能:规定时间内输送到目的节点的商品总量	动态网络弹性: $$\mathbb{R}(G, C_0) = \Sigma \int_{t_0}^{t_1} \left[100 - \frac{\partial F_{AB(t)}}{\partial x_{ij(t)}} \right] dt$$
物流网络[21]	①功能:满足所有需求节点的要求 ②性能:多余的资源,分布式的供应,可靠的传输路线	①需求节点弹性: $$\mathbb{R}_i = \frac{\sum_{j=1}^{g} p_j q_{(j,i)} \min\{d_i, s_j, c_{(j,i)}\}}{d_i}$$ ②网络弹性: $$\mathbb{R} = \sum_{i=1}^{n_1} \min\left(\frac{\sum_{j=1}^{n_2} s_j - \sum_{i=1}^{n_1} d_i}{d_i}, 1 \right) w_i \mathbb{R}_i$$
交通运输网络[23]	①功能:将乘客或货物从起始城市运送到目的城市 ②性能:所有城市节点间可靠通路数量	①节点弹性: $$\mathbb{R}_i = \sum_{j=1, j \neq i}^{n} v_j \sum_{k=1}^{m} \prod_{l \in L_k(i,j)} q_l$$ ②网络弹性: $$\mathbb{R}(G) = \sum_{i=1}^{n} w_i \mathbb{R}_i$$

7.1.3 复杂网络弹性规律研究

前面两小节分别从网络拓扑和网络性能两个方面介绍了复杂网络弹性度量方法的研究现状,本小节介绍网络弹性规律的研究现状。通常,可采用相同的弹性度量比较不同拓扑网络的弹性,如 Zhao 等(2011)[11] 就以最大功能子网规模(LFSN)和平均最大供应路径长度作为弹性度量指标对随机网络、小世界网络和 DLA 网络三种不同拓扑结构的网络弹性进行比较分析。Osei-Asamoah 和 Lownes (2014)[4] 也在他们的研究中用全局效能和连通子团相对规模作为弹性度量指标比较了生物网和交通运输网弹性,此外还通过皮尔逊相关系数分析弹性与网络拓扑参数（平均度、密度、平均聚类系数）间的关系，发现两者间存在线性关系，且弹性与平均度、密度间展现出更强的线性关系。除此之外，也有研究通过观察各种攻击场景下系统的行为，反映网络弹性的变化。如 Berche 等（2009）[5] 针对公共运输网络考虑了包含随机到蓄意的多种攻击场景，通过弹性分析发现了公共运输网络在攻击后行为的多样性，不同的攻击场景可导致系统性能平稳下降或者发生突变。Chen 和 Hero（2014）[7] 调查了电网拓扑在不同攻击策略下的网络弹性，分析了最大连通子团规模随删除节点比例增加的变化趋势，可以发现不同的攻击策略在删除相同比例的节点时对网络性能的影响不同，基于此找到了可使网络弹性下降最大和最快的攻击策略。

除此之外，网络系统受干扰后的恢复过程也是弹性的关注点。Cavallaro 等（2014）[24] 用效能来对比在恢复城市最初性能过程中不同重建策略的能力，通过对意大利阿奇拉地震和重建过程仿真，比较了 6 种不同的重建策略下的弹性，从而确定弹性最佳的城市重建策略。在 Bhatia 等（2015）[13] 的研究中，采用多个指标生成恢复策略（即干扰发生后系统中部件恢复的排序），对这些策略的定量评估表明，通过网络中心性措施可更快更有效地进行恢复，且最佳的恢复策略会因网络中发生干扰的类型和位置的不同而不同。

7.1.4　小结

考虑到网络中传输的是信息、物质或能量，如因特网中的数据包流、交通路网中的车流、电网中的电流等，网络对流量的传输体现了网络的功能。然而，目前复杂网络弹性的相关研究中，大多数都是以网络拓扑参数作为弹性度量的关键性能指标，通过改变网络拓扑结构，即移除受到故障/干扰的节点[4,5,7,10,11] 来分析网络弹性。这种方式使得节点仅包括两种状态，即存在与删除。这些拓扑结构参数并不能反映网络中传输的流量信息，无法完全反映网络实际功能的好坏，故而基于此的弹性分析缺乏复杂网络流量层面的考虑，仅仅是拓扑层面的弹性分析。虽然 7.1.2 节也给出了一些基于网络性能的复杂网络弹性度量，但这些弹性度量很少能综合反映网络系统对扰动的承受和恢复能力，对于节点性能如何影响系统性能仍不太清晰。因此，本章从基于负载这一关键网络性能指标出发，探讨复杂网络系统"部件→系统"的弹性规律研究方法[25]。

7.2 弹性度量

本节的弹性度量与 6.2.1 节相同，即定义系统弹性为系统遭受扰动后 T_a 时间（用户允许的最大系统性能恢复）内归一化性能随时间的积分与系统正常运行（未受扰动）T_a 时间内归一化性能随时间的积分之比。为了叙述方便，将式(6.1)重复叙述如下：

$$\mathbb{R}_D = \frac{\int_{t_0}^{T_a+t_0} Q(t)\,dt}{\int_{t_0}^{T_a+t_0} Q_0(t)\,dt} \tag{7.1}$$

式中，$Q(t)$ 为扰动发生后的某时刻 t 的关键性能指标（KPI）归一化值；$Q_0(t)$ 为正常状态下某时刻 t 的 KPI 归一化值；t_0 为扰动事件发生的时刻；T_a 为用户所要求的恢复时间。

这里，我们采用仿真方式对复杂网络进行弹性评估，所以采用弹性离散面积求和公式：

$$\mathbb{R}_D \approx \frac{\sum_{k=1}^{s}[Q(t_k)+Q(t_{k-1})]}{\sum_{k=1}^{s}[Q_0(t_k)+Q_0(t_{k-1})]} \tag{7.2}$$

式中，s 为 t_0 到 t_0+T_a 时间段内采样的次数；$t_k = t_0 + k\dfrac{T_a}{s}$。$s$ 越大，弹性评估精度越大，但计算资源消耗也越多，因此 s 的取值应权衡考虑。

复杂网络中通常以网络传输容量（traffic capacity）来衡量网络的传输能力，传输容量越大越有利于数据传输[26]。网络传输能力的下降会导致节点和网络上流量的增加，从而引发网络拥塞，故网络中的负载（traffic load）直接反映了当前的网络状态（或功能）。因此，节点弹性度量中，我们选取的关键性能参数为节点当前负载 $W_i(t)$。网络弹性度量中，关键性能参数为网络中所有节点当前负载之和 $W_n(t)$［这里 $W_n(t) = \sum_{i=1}^{N} W_i(t)$］。由于负载为望小型参数，因此其归一化采用倒数法，即

$$Q_i(t) = 1/W_i(t) \text{ 和 } Q_n(t) = 1/W_n(t) \tag{7.3}$$

7.3 弹性评估

这里我们采用仿真的方式对复杂网络进行评估，因此，首先我们建立网络流量模型，接着选定节点扰动策略（即节点受攻击的先后顺序），最后给出网络和节点仿真以及评估流程。

7.3.1 流量模型建立

复杂网络的传输量，通常被称为网络吞吐量，是衡量网络传输能力的重要指标。衡量网络传输量的模型就是流量模型（traffic model）。这里引入复杂网络研究中最常用的流量模型[27-29]，并将其应用在给定的网络拓扑中，考虑流量的动态性开展网络弹性规律研究。

在这个基本模型中，假设网络流量为信息，且网络中所有的节点都同时具备产生、转发数据的能力。整个动态流量模型是一个迭代过程，描述如下：网络中每个时间步长内以给定速率 R 产生数据（每单位时间产生 R 个数据），随机选取产生 R 个数据的源节点与发送的目的节点。设置每个节点都有给定的数据转发率 C，即每个节点时间步长内可转发的最大数据数量为 C。每个数据按照一定的路由策略从一个节点转发到下一个节点，如果下一个不是目的节点，并且此节点中已经存在一些要转发到各自目的节点的数据，则到达的数据将被放置在队列末。数据到达每个节点队列都采用先进先出（first-in-first-out）的规则，并且每个节点缓存队列为无限大。如果数据到达目的节点，则立即从网络中删除。其中，路由策略主要是为数据的传输寻找合适的路径，这里我们采用实际网络中被广泛使用的最短路径策略[30-32] 转发数据，当然还有一些基于节点度的优先概率局部路由策略[33-35] 也可用于数据转发，如随机游走（random walk）、一阶邻域搜索（first-order neighborhood search）等。

为仿真简单起见，我们令节点转发率 C 为固定常数。具体的流量模型创建过程如图 7.1 所示。

7.3.2 节点扰动策略

复杂网络弹性度量主要研究对象节点受到扰动后导致网络关键性能的变化情况。因此，为了度量复杂网络在不同扰动策略下节点及网络弹性，本节定义以下三种蓄意扰动策略。

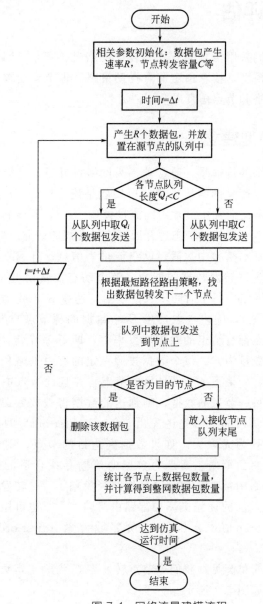

图 7.1　网络流量建模流程

① 基于度的扰动（degree based disturbance，DBD）：确定网络中所有节点度值，按照度从大到小的顺序干扰复杂网络中的节点，从而使受

干扰节点和网络性能下降。

② 基于介数的扰动（betweenness based disturbance，BBD）：类似于 DBD，先确定网络中所有节点的介数值，按照介数从大到小的顺序干扰复杂网络中的节点，从而使受干扰节点和网络性能下降。

③ 基于负载的扰动（traffic based disturbance，TBD）：这里负载为节点排队序列上待转发的数据量，这里节点负载大小是根据网络正常运行情况下，所有时间步长内节点数据量的平均值来确定的。按照负载从大到小的顺序干扰复杂网络中的节点，从而使受干扰节点和网络性能下降。

7.3.3　弹性仿真评估

为了便于仿真，这里假设网络中所有节点具有同样的初始状态和降级状态，节点初始转发率 $C_i(i=1,2,\cdots,N)$ 为相同固定值，降级后的转发率降至 $C_i^*=\{C_{i,j},j=1,2,\cdots,M\}$，$M$ 为转发率降级状态的数量。基于负载的网络弹性仿真计算步骤具体如下。

① 初始化：初始设置网络规模，即节点数 N，仿真开始时刻 t_0，干扰开始时刻 t_0，恢复开始时刻 t_r，满足用户需求的恢复时间 T_a，扰动强度 AI（被干扰节点数 N^* 占网络总节点数 N 的比例，$AI=N^*/N$）。

② 创建网络拓扑：在 ER 随机网络和 BA 无标度网络的弹性仿真中，每次仿真都新创建一个同规模网络拓扑用于弹性度量计算。

③ 流量建模：对于不同的拓扑网络，按照不同的初始数据包生成速率（不超过各自的网络容量 R_C，以保证网络在正常情况下处于通畅状态）及相同的节点转发率（$C=4$），运行 7.3.1 节中描述的流量建模流程，在已创建的复杂网络拓扑上生成负载，始终保持网络畅通。

④ 正常状态下负载度量：以时间步长 Δt 统计从仿真开始时刻 t_0 到 T_a 这段时间内节点与网络的负载 $W_i^0(t)$ 和 $W_n^0(t)$，作为正常情况下节点和网络的关键性能指标输出。

⑤ 干扰网络节点：在扰动开始时刻，按照对应的扰动策略对网络节点进行干扰，降低被扰动节点转发率，并以时间步长 Δt 统计节点及网络的负载，直到性能恢复时刻 t_r。

⑥ 恢复被扰动节点：这里认为采取恢复行为后节点立即恢复到初始转发率，并以时间步长 Δt 统计节点及网络的负载，直到用户所要求的恢复时间 T_a。

⑦ 弹性指标计算：根据式（7.3）对统计得到的正常情况下节点与网

络流量进行归一化，得到 $Q_i^0(t)$、$Q_n^0(t)$、$Q_i(t)$ 与 $Q_n(t)$，然后根据式(7.2) 完成此次扰动下的弹性计算。

⑧ 多次仿真，获得弹性均值：对于 ER 随机和 BA 无标度拓扑网络，都用 M 个同等规模的网络进行仿真，若达到预设值 M，就结束循环，计算弹性均值 $\mathbb{R}_A = \sum\limits_i \mathbb{R}_{D,i}/M$，否则返回步骤②，直到满足仿真需求。

图 7.2 所示为复杂网络弹性仿真计算流程图。

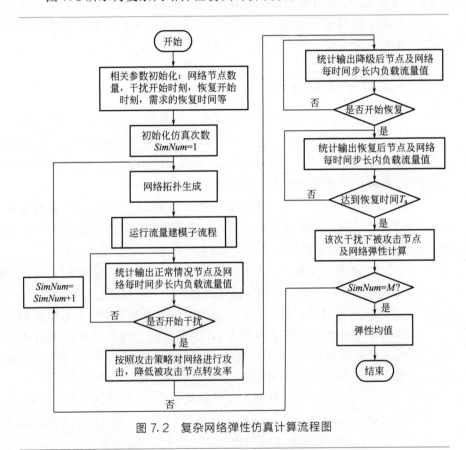

图 7.2　复杂网络弹性仿真计算流程图

7.4　案例分析

本节我们选取了 ER 随机网络、BA 无标度网络和冰岛电力传输网络为例进行复杂网络弹性分析。

7.4.1 复杂网络拓扑生成

（1）ER 随机网络模型

早在 20 世纪 50 年代末，Erdös 和 Rényi 提出了一种完全随机网络模型——ER 随机网络[36]。随机网络模型是最简单同时也是最早被广泛认知的复杂网络模型。根据 ER 随机网络的相关特性研究，其生成规则描述如下：首先考虑生成 N 个孤立节点，任意两节点间均以概率 p 连接一条边，从而组成一个含有 $pN(N-1)/2$ 条边的 ER 随机网络。根据这种概率生成规则，可得 ER 随机网络的度分布函数[37]：

$$P(k) = C_N^k p^k (1-p)^{N-k} \approx \frac{\langle k \rangle^k e^{-\langle k \rangle}}{k!} \tag{7.4}$$

式中，$\langle k \rangle = pN$ 为随机网络所有节点的平均度。

图 7.3 给出了不同生成概率 p 下随机网络模型演化示意图。

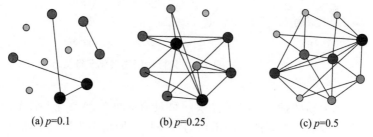

(a) p=0.1   (b) p=0.25   (c) p=0.5

图 7.3　随机网络模型演化示意图

如今，ER 随机网络模型是一种典型的复杂网络模型，被广泛应用于学习和研究之中。由于 ER 随机网络的度分布 $P(k)$ 服从泊松分布，可以看出 ER 随机网络是一种同质复杂网络，其绝大多数节点度都在网络节点平均度附近。

（2）BA 无标度网络模型

大量研究表明，现实世界的网络大部分都不是随机网络，许多实际网络中只有少数节点拥有大量连接，并且度分度符合幂律分布，而这被称为网络的无标度特性（scale-free）。BA 无标度网络模型[38] 应运而生，并得到广泛应用。BA 无标度网络模型考虑了实际网络的两个重要特征：增长特性表明网络规模不断增大而并非是固定的；择优连接特性表明新产生的节点更倾向于连接已存在的度较大的节点。根据上述两点，BA 无标度网络可构造如下：起始于 m_0 个完全连接节点的网络，每时间步长增加一个与已经存在的 $m(m \leqslant m_0)$ 个节点相连的新节点在网络中，并且一条边连接到一个现存节点的概率与该节点的度 k_i 成线性比例关系：

$$\Pi_i = \frac{k_i}{\sum\limits_j k_j} \tag{7.5}$$

这里，设置网络规模为 N，并且 $m_0 = m = 4$。经过 n 时间步长之后，就可以得到一个含有 $N = n + m_0$ 个节点和 $mn + m_0$ 条边的无标度网络。图 7.4 给出了 BA 无标度网络前 4 个时间步长（$t=1$，$t=2$，$t=3$，$t=4$）的具体演化示意图。

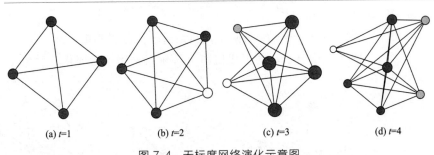

| (a) $t=1$ | (b) $t=2$ | (c) $t=3$ | (d) $t=4$ |

图 7.4　无标度网络演化示意图

无标度特性反映了复杂网络具有高度的异质性，各节点间的连接状况（度数）具有严重的不均匀分布性：网络中少数的枢纽（hub）节点拥有非常多的连接，并对无标度网络的运行起着主导作用，而大多数节点只有很少的连接。与随机网络相比，无标度网络的平均路径长度相对较小，而聚类系数相对较大，说明无标度网络中度大的节点在缩小网络节点间距离上起着重要作用。

（3）冰岛电力传输网络模型

电力网络是极其重要的基础设施系统，很多其他基础设施系统都依赖可靠的电力供应来保障自身的正常运行。电力网络可看作是由电厂、变电站以及不同电压等级的输配电线路组成的，如果将电厂看作节点，把连接电厂与电厂之间、电厂与变电所之间以及变电站与各终端用电设备间的输电线路看作边，那么电力网络则可抽象为一个复杂网络。这里将冰岛电力传输网络[39]抽象为一个用网络图表示电力传输网的拓扑结构。考虑到电力基础设施系统的特点，为了便于分析，这里假设冰岛电力传输网络各节点为无差别节点，边为无向边，并且忽略传输线物料构造及电气参数的不同。基于此得到如图 7.5 所示的冰岛电力传输网络拓扑结构。

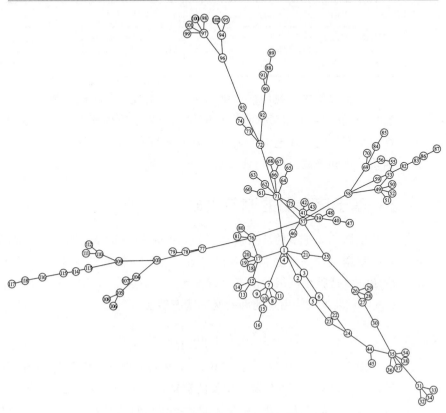

图 7.5 冰岛电力传输网络拓扑结构

表 7.3 对冰岛电力传输网络的拓扑指标给出描述：网络中共有节点数 $N=118$，边的数目 $E=127$，其中发电节点数 G 为 35 个。该网络的平均节点度 $\langle k \rangle=2.153$，平均路径长度 $L=6.42$，平均聚类系数 $C=0.005$。结合孟仲伟等（2004）[40] 对美国西部电网进行的拓扑分析研究，我们在表 7.4 中将此网络与美国西部电网的比较，可知冰岛电力网络的平均度较低，具有相对较小的平均路径长度和非常小的平均聚类系数，由此可见冰岛电力传输网络并不具有无标度网络模型特性。

表 7.3 冰岛电力传输网络拓扑性质

网络类型　　拓扑指标	N	E	G	$\langle k \rangle$	L	C
电力网络	2.153	127	35	2.153	6.42	0.005

表 7.4　冰岛电网与美国西部电网拓扑统计特征参数比较

电网	$\langle k \rangle$	L	C
美国西部电网	2.67	18.7	0.08
冰岛电网	2.153	6.42	0.005

在本案例中，我们以概率 $p=0.05$ 生成 ER 随机网络，以起始完全连接节点 $m_0=4$ 和每时间步长增加 $m=2$ 条边构建 BA 无标度网络，这样两个网络与上述电力传输网络具有相同规模（组成网络的节点和连边数量处于同等数量级），便于后文进行比较。

7.4.2　基于序参量的流量生成

根据 7.3.1 节的流量模型可知，网络中在每个时间步长内都会产生新的数据包，一些数据包会被移除。为了保持网络中流量的畅通状态，应始终保持整个网络的动态负载平衡。一般通常用序参量（order parameter）来刻画网络由畅通到拥塞的状态转变[41]：

$$\eta(R) = \lim_{t \to \infty} \frac{C}{R} \times \frac{<\Delta W>}{\Delta t} \qquad (7.6)$$

式中，$\Delta W = W(t+\Delta t) - W(t)$，$W(t)$ 为 t 时刻网络中的总数据包量，ΔW 为网络中总数据包增长的数量；$<\cdots>$ 表示在 Δt 时间内的平均值。当 $R < R_C$ 时，网络中生成的数据包与到达目的节点被移除的数据包几乎相等，此时 $\eta(R)$ 约等于 0，网络处于通畅稳定状态；当 $R > R_C$ 时，网络中生成的数据包多于到达目的节点被移除的数据包，此时 $\eta(R)$ 大于 0，导致网络中的数据包总量不断增多，最终使网络处于拥塞状态。可见，网络从畅通到拥塞状态的相变点发生在 $R = R_C$ 处。

基于 7.4.1 节的复杂网络拓扑生成方法，分别生成与冰岛电网同规模（节点 $N=118$）的 ER 随机网络和 BA 无标度网络，设节点转发率 $C=4$，按公式（7.3）计算得三种不同网络拓扑下序参量 η 随数据包产生率 R 逐渐增大的变化趋势，如图 7.6 所示。可见，对于不同的网络拓扑结构，当 R 很小的时候 η 接近于 0，然而当 R 一旦大于相应的相变点 R_C，序参量 η 会突然增大。显然，相同规模不同拓扑结构的复杂网络容量是不一样的，这里 ER 随机网络的容量 $R_C^{ER}=36$，BA 无标度网络的容量 $R_C^{BA}=18$，冰岛电网的容量 $R_C^{Power}=8$。

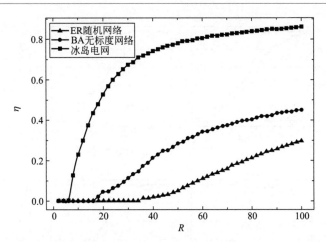

图 7.6 不同网络拓扑下序参量 η 随数据包产生率 R 逐渐增大的变化趋势

7.4.3 基于扰动行为的弹性分析

本节针对相同网络规模的 ER 随机网络、BA 无标度网络和冰岛电力传输网络三种不同的网络拓扑结构，分别仿真计算其在基于度、介数和负载三种扰动策略下的系统弹性。对于三类网络拓扑初始状态，基于 7.4.2 节的序参量分析分别设定不同的数据包生成速率 $R_{ER}=34$、$R_{BA}=16$、$R_{Power}=6$ 和相同的节点转发率 $C=4$，以保证三种网络拓扑初始状态都维持畅通，不会发生拥塞。由此，在基于度、介数和负载扰动策略下：①对单节点实施扰动，分析弹性随节点性能降级程度的变化规律；②对多节点实施扰动，根据不同的扰动强度 AI（被干扰节点数 N^* 占网络总节点数 N 的比例，$AI=N^*/N$）对一定数量的节点进行干扰，从而造成受扰动节点的转发率下降，并计算不同扰动策略下的弹性值，对弹性结果进行比较。考虑到节约仿真计算的时间成本，下述分析讨论中弹性值均为该次扰动事件下的单次仿真计算结果。

7.4.3.1 单节点不同降级程度下的弹性规律分析

根据三种蓄意扰动策略分别对三种拓扑结构网络中度最大节点、介数最大节点和负载最大节点实施扰动，使被扰动节点转发率性能从初始 $C=4$ 以 0.1 为间隔逐渐下降到 1，从而得到随节点转发率 C 逐渐下降的被扰动节点弹性和网络弹性的变化如图 7.7 所示。

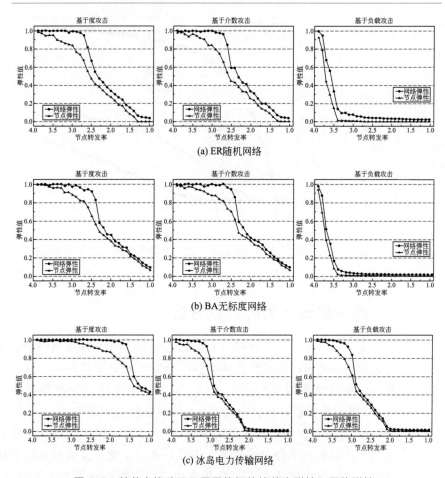

图 7.7　单节点扰动下不同网络拓扑的节点弹性和网络弹性

　　由图 7.7 可知，相同的网络拓扑在不同的扰动策略下，被扰动节点弹性和网络弹性可能存在不同的变化趋势。

　　① ER 随机网络中，在基于度和基于介数的扰动策略下，被扰动节点（最大度和最大介数节点）弹性会随着该节点转发率的逐渐降级而下降，而网络弹性则会先保持在 0.95 以上，只有当被扰动节点转发率性能下降到 $C^*=2.7$ 以下，才会引起网络弹性很大程度的下降。这是由于被扰动节点转发率降级程度越大，其对数据包的转发能力越差，最终会造成该节点上负载的增加，因此随着转发率降级越来越大，被扰动节点的弹性也会逐渐下降。但在被扰动节点转发率降级程度不低于 $C^*=2.7$ 时，节点上负载的增加对于整个网络的负载而言比重较

低，因此网络此时还是保持在畅通的状态，并不会造成整个网络中数据包大量累积，故网络弹性保持在较高水平。反观基于负载的扰动策略下，被扰动节点（负载最大节点）弹性和网络弹性在该节点转发率降级程度很低时就会发生大幅下降，当被扰动节点转发率降级程度达到 $C^* = 3.7$ 时，就会使节点弹性和网络弹性都下降到 0.6 以下。这是因为被扰动节点上的负载在网络负载中占比很大，很低程度的节点转发率降级就会导致该节点及整个网络负载突增，从而引起节点弹性和网络弹性的突然下降。

② BA 无标度网络中，可以看出在三种蓄意扰动策略下，被扰动节点弹性和网络弹性表现出与 ER 随机网络中相似的情形。对于基于度扰动和基于介数扰动，随着该节点转发率的逐渐降级，节点弹性逐渐下降，而只有节点转发率降级达到一定程度（$C^* = 2.4$）时，网络弹性才会发生大幅下降。对于基于负载扰动，较低的节点转发率降级就会导致节点弹性和网络弹性发生突降，很快弹性下降到 0 附近。

③ 冰岛电力传输网络中则表现出与上述两类网络不同的弹性变化情形。在基于度的扰动策略下，被扰动节点弹性会随着该节点转发率的逐渐降级而下降，在节点转发率降级程度未达到 $C^* = 1.5$ 时，网络弹性都保持在 0.95 以上，直到 C^* 降级到 1.5 及以下时才大幅度下降。并且，即使节点转发率降级到最低程度 $C^* = 1.0$ 时，节点弹性和网络弹性都大于 0.40，不会降到 0 附近。在基于介数扰动和基于负载扰动策略下，被扰动节点转发率降级程度达到 $C^* = 3$ 时，网络弹性开始大幅度下降，并且节点转发率逐渐降级到 $C^* = 2$ 时网络弹性下降到 0 附近。

综上可以看出，ER 随机网络和 BA 无标度网络在面对基于度和基于介数的扰动策略时，对于被扰动节点性能的降级都展现出较强的承受能力，因此网络对于度扰动和介数扰动具有较好的弹性；但在面对基于负载的扰动策略时，对于被扰动节点性能的降级承受能力较弱，因此网络对于负载扰动弹性较差。冰岛电力传输网络对基于度的扰动表现出非常强的节点性能降级承受能力，因此网络对于度扰动具有非常好的弹性；同样，对基于介数和基于负载的扰动也表现出较强的节点性能降级承受能力，因此该网络对于介数扰动和负载扰动也具有较好的弹性。

此外，可进一步分析网络弹性与被扰动节点弹性之间的关系，如图 7.8 所示。由图可以看出，ER 随机网络和 BA 无标度网络中，基于度扰动和基于介数扰动下，当被扰动节点弹性在 0.4 以下时，网络弹性与节点弹性存在近似线性函数关系，随着被扰动节点弹性逐渐增大，曲线斜率逐渐变小，最终趋近于0；但基于负载扰动时，网络弹性与节点弹性并不存在显著的线性函数关系，曲线斜率随着节点弹性增大逐渐减小，最终趋近于0。然而，在冰岛电力传输网络中，基于介数和基于负载扰动下，当被扰动节点弹性在0.4以下时，网络弹性与节点弹性存在近似线性函数关系，随着被扰动节点弹性逐渐增大，曲线斜率逐渐变小，最终趋近于0；但基于度扰动时，则不存在显著的线性函数关系，曲线斜率随着节点弹性增大逐渐减小，最终趋近于0。

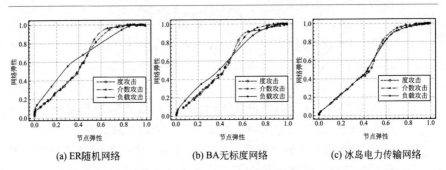

图7.8　网络弹性与被扰动节点弹性之间的关系（单节点扰动）（电子版）

7.4.3.2　考虑多节点不同扰动强度的弹性规律分析

根据前述三种扰动策略分别对同规模的三类拓扑实施不同扰动强度下的多节点扰动，即针对各网络分别以度、介数和负载参数指标对节点进行排序，从排序最高等级的节点开始进行干扰，在不同扰动强度AI下度量网络弹性。这里设定所有被扰动节点转发率性能从初始$C=4$降级为$C^*=3.0$，从而得到随扰动强度AI逐渐增加的网络弹性的变化如图7.9所示。

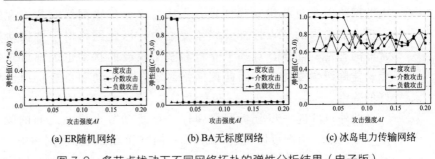

图7.9　多节点扰动下不同网络拓扑的弹性分析结果（电子版）

　　如图 7.9 所示，同一网络拓扑中，不同的扰动策略会有不同的扰动强度临界值 AI^*，致使网络弹性发生突降。在 ER 随机网络中，度扰动策略下网络弹性发生突降的扰动强度临界值 $AI^*_{度}=7\%$，介数扰动策略下 $AI^*_{介数}=4\%$，负载扰动策略下 $AI^*_{负载}=1\%$（即负载最大的节点发生降级，网络弹性就会突降）。同理，BA 无标度网络中的扰动强度临界值分别为 $AI^*_{度}=3\%$、$AI^*_{介数}=3\%$ 和 $AI^*_{负载}=1\%$，冰岛电力网络中的扰动强度临界值分别为 $AI^*_{度}=7\%$、$AI^*_{介数}=1\%$ 和 $AI^*_{负载}=1\%$。显然，ER 随机网络和 BA 无标度网络中，负载扰动都是最快引起网络弹性突然下降的，而这两类网络对度扰动和介数扰动具有一定的扰动承受能力。同时，ER 随机网络中度扰动和介数扰动的扰动临界值均大于 BA 无标度网络，这是因为无标度网络中节点的高度异质性，高介数节点也是拥有多条链路的枢纽节点，当这些节点受到扰动发生性能降级后，会造成经由该节点转发的数据包大量累积，从而引发整个网络的负载增加，故只要很少的枢纽节点降级就可造成网络弹性的突降。冰岛电力传输网络中，介数扰动和负载扰动都会立即引起网络弹性突降，而其对度扰动却具有一定的扰动承受能力，并且三种扰动策略下网络弹性最终都保持在 0.7 周围波动，并未随着被扰动节点数的增多而立刻下降到 0 附近。这是因为相比于 ER 随机网络和 BA 无标度网络，正常状态的节点转发率 $C=4$ 对电力网络有更大的冗余，故当节点遭受扰动性能降级后，网络中的负载还是会达到动态平衡，而不会一直累积增加，因此网络弹性不至于下降为 0，而保持在 0.7 附近。

　　另外，我们也分析了每种拓扑网络中节点度和介数的相关性。度和介数具有高相关系数 r 的网络往往会存在一些与大量网络流量交互的节点，如果这些节点降级，那么很容易造成网络流量拥塞。如图 7.10 所示，BA 无标度网络具有最高的相关系数（$r=0.98$），其次是 ER 随机网络（$r=0.93$），表明这两类网络中度高的节点也具有较高的介数。然而，在冰岛电力传输网络中，节点度和介数的相关性较低（$r=0.73$），表明该网络中基于度和介数的扰动策略将导致不同的网络弹性结果。这里的相关性分析也说明了在上述随扰动强度增加的网络弹性分析中，为什么 ER 随机网络和 BA 无标度网络在度和介数扰动下网络弹性变化比较一致，而在冰岛电力传输网络中则存在较大差异。此外，通过比较三种不同网络拓扑的平均最短路径（其中 $L_{ER}=3.53$，$L_{BA}=2.97$，$L_{电网}=6.42$，并且 $L_{BA}<L_{ER}<L_{电网}$）可知，电力网络中需要更多跳数据包才能从源节点转发到目的节点，而 ER 网络和 BA 网络相对较低的平均最短路径可使数据包更快转发到目的节点，因此冰岛电力传输网络与另两类

网络的弹性规律存在较大差别。上述分析同时也说明冰岛电力网络并不具备与 ER 随机网络和 BA 无标度网络相同的拓扑特征。

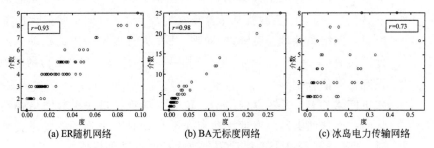

(a) ER随机网络　　　　　(b) BA无标度网络　　　　　(c) 冰岛电力传输网络

图 7.10　网络节点度和介数间相关系数

ER 随机网络和 BA 无标度网络中，基于度和介数扰动下的网络弹性都要优于基于负载扰动下的网络弹性，因此这两类网络中对于高负载节点应给予重点保护，以免由于性能降级造成严重的网络拥塞，网络弹性大幅下降。冰岛电力传输网络中，只有在面对基于度的扰动策略时才表现出较好的网络弹性，因此对于电力网络中高介数节点和高负载节点都要给予重点保护。

7.4.4　基于恢复行为的弹性分析

这里我们考虑影响网络弹性恢复行为的两方面因素：①降级后恢复开始时刻 t_r；②恢复策略，即多个节点发生降级后，根据节点重要性对节点排序来确定的恢复顺序。这里我们假设一旦恢复开始，节点的转发率性能会立即完全恢复正常状态，因此我们的分析关注最终的网络弹性比较，而不是恢复时间。

7.4.4.1　考虑恢复开始时刻的弹性规律影响分析

本节我们采用基于介数的扰动策略（BBA）对三种不同的拓扑网络（ER 随机网络、BA 无标度网络和冰岛电力传输网络）实施干扰，造成介数最大节点转发率性能降级，在不同的恢复开始时刻 t_r 下进行基于网络负载性能的网络弹性指标计算。

图 7.11(a) 呈现了在给定的节点降级程度 $C^* = 2.2$ 下，不同的恢复开始时刻（t_r 从 1000 以 500 为间隔递增到 6000）三种拓扑结构下网络对应的弹性。结果表明，对于 ER 随机网络和 BA 无标度网络拓扑而言，更快的恢复开始（或更小的 t_r）会导致更高的弹性。例如，如果在节点发

生降级后很快（$t_r = 1000$ 时间步长）就启动恢复，则 ER 随机网络的弹性为 0.91，但经历很长一段时间后（$t_r \geqslant 5000$ 时间步长）才采取恢复措施，它的弹性会降低到 0.50 以下。BA 无标度网络中，快速恢复网络弹性值可达 0.92（$t_r = 1000$），而恢复开始时间过晚，系统弹性值则会降至 0.40。而冰岛电力传输网络的弹性情形则与前两者完全不同，由于在该降级转发率下网络仍可保持网络畅通，不会造成网络负载的增加，故网络弹性接近于 1。上述结果表明，受到扰动后若能快速响应（发生故障后很快采取恢复），则能保持整个网络系统弹性。此外，恢复开始时刻 t_r 也有一个关键值，若在该时刻之后才开始恢复，则恢复行为对整个网络的弹性影响不大，网络所表现出的弹性基本一致。识别恢复时刻 t_r 的关键值，可提供作为弹性分析的重要阈值，在此之前实施恢复可有效提高网络系统弹性。

此外，节点降级转发率性能 C^* 对于网络弹性也是非常重要的，因为从更高的节点初始降级性能开始恢复，会有更高的网络弹性。如图 7.11(b) 中呈现了在不同的节点初始降级性能下，ER 随机网络弹性随恢复开始时刻 t_r 的变化。可以看出，越低的初始降级性能，恢复开始的快慢对网络弹性的影响程度越大，越能决定网络弹性的好坏。正如图 7.11(b) 中所示的各个给定初始降级性能下，基于逐渐递增的恢复开始时刻（t_r 从 1000 以 500 为间隔递增到 6000）计算所得网络弹性值的标准差随初始降级性能 C^* 的变化情况，说明标准差越大该降级性能下不同的恢复开始时刻 t_r 会导致网络弹性有越大的差异，恰好也说明了上述观点。

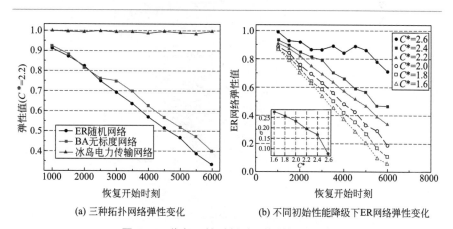

(a) 三种拓扑网络弹性变化　　　　(b) 不同初始性能降级下 ER 网络弹性变化

图 7.11　恢复开始时刻对网络弹性的影响

图 7.12 展现了节点性能降级 C^* 和恢复开始时刻 t_r 对网络弹性的综合影响。从图中可以看出，并非在任意的性能降级下，恢复开始时刻 t_r 都可对网络弹性造成显著影响。对于所有网络，性能降级 C^* 都存在一个关键值，当性能降级低于该关键值时，快速响应行为才对整个网络弹性的好坏起到关键作用。并且，不同的网络拓扑存在不同的性能降级关键点。ER 随机网络中，只有节点降级转发率 $C^* \leqslant 2.6$，网络弹性才会随恢复开始时刻 t_r 的减小而增加，而对于 $C^* > 2.6$ 的情形，网络弹性则不会随着恢复开始时刻 t_r 的变化而改变，网络弹性始终保持较高水平。而 BA 无标度网络中该关键值为 2.4，电力网络中为 2.0。

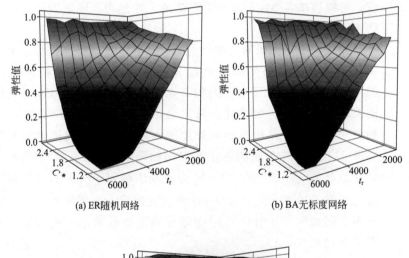

(a) ER随机网络 (b) BA无标度网络

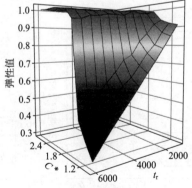

(c) 冰岛电力传输网络

图 7.12　不同节点初始性能降级 C^* 和恢复开始时刻 t_r 下的
网络弹性变化（电子版）

通过上述分析，一方面，我们可以识别对网络弹性产生影响的性能降级 C^* 关键值；另一方面，在给定的性能降级下，可确定能有效提高网络弹性的恢复开始时刻 t_r 的关键值。

7.4.4.2 考虑不同恢复策略的弹性规律影响分析

当网络中多个节点发生性能降级时，采取怎样的恢复顺序可以使网络系统性能快速恢复、具有最好的弹性，是网络受到扰动后首要考虑的问题。这里我们针对前述的三种拓扑网络，分别在随机恢复策略、基于拓扑重要性恢复策略和基于流量重要性恢复策略下仿真计算网络弹性，比较分析对于该类拓扑网络，哪种恢复策略下弹性最好，恢复行为最有效。本节中随机恢复策略是对被扰动节点随机排序后进行恢复；基于拓扑重要性恢复策略是指根据网络中节点的度和介数的大小对被扰动的节点排序，从高到低逐一恢复被扰动节点性能；同理，基于流量重要性恢复策略则是根据节点上的流量进行排序，然后从高到低逐一恢复。基于 7.3.2 节中对不同扰动强度下的弹性分析结果，这里设定网络受扰动强度 $AI=6\%$，并且被扰动节点转发率性能都从 $C=4$ 降级到 $C^*=2.8$，随后按照相应的恢复策略以固定的时间间隔 $t_{\text{interval}}=1000$（时间步长）逐一恢复降级节点，得到不同恢复策略下对应的弹性值。这里，对于随机恢复策略下的弹性值是对 20 次随机序列的弹性计算结果取平均值得到的。

根据图 7.13 所示的三种拓扑在不同恢复策略下弹性雷达图（横坐标为弹性值刻度）可知，对于三种拓扑，基于流量重要性的恢复策略是最有效的，使网络具有最好弹性。ER 随机网络中，$\mathbb{R}_{\text{基于流量恢复}} > \mathbb{R}_{\text{基于拓扑恢复}} > \mathbb{R}_{\text{随机恢复}}$，由于 ER 随机网络节点较好的同质性，6 个节点发生性能降级不会导致网络流量突增，并且被扰动节点上流量比较均匀，故任何恢复策略都比较有效，但基于流量重要性恢复策略下网络弹性是最高的，$\mathbb{R}_{\text{基于流量恢复}}=0.96$。然而，BA 无标度网络中由于高负载枢纽节点的存在，只有被扰动节点全部恢复网络中负载才会降低，故在逐渐恢复过程中网络始终处于拥塞，负载累积增多，因此表现出较差弹性。在冰岛电力传输网络中，该扰动强度下不会对网络性能造成太大影响，因此弹性始终保持较高水平。

通过上述分析，对于不同的网络拓扑分别可以确定多节点受扰动后最佳的恢复策略，从而保证网络具有最高的弹性。

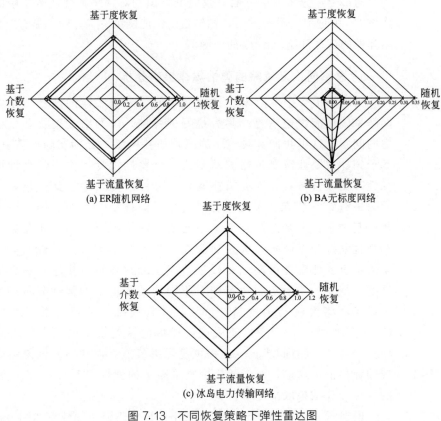

图 7.13　不同恢复策略下弹性雷达图

参考文献

[1]　Gao J, Liu X, Li D, et al. Recent progress on the resilience of complex networks[J]. Energies, 2015, 8（10）: 12187-12210.

[2]　Najjar W, Gaudiot J L. Network resilience: a measure of network fault tolerance[J]. IEEE Transactions on Computers, 1990, 39（2）: 174-181.

[3]　Klau G W, Weiskircher R. Network analysis [M]. Chapter Robustness and Resilience. Berlin Heidelberg: Springer, 2005: 417-437.

[4]　Osei-Asamoah A, Lownes N E. Complex network method of evaluating resilience in surface transportation networks

[J]. Transportation Research Record, 2014, 2467（1）: 120-128.

[5]　Berche B, von Ferber C, Holovatch T, et al. Resilience of public transport networks against attacks[J]. The European Physical Journal B, 2009, 71（1）: 125-137.

[6]　Schneider C M, Moreira A A, Andrade J S, et al. Mitigation of malicious attacks on networks[J]. Proceedings of the National Academy of Sciences, 2011, 108（10）: 3838-3841.

[7]　Chen P Y, Hero A O. Assessing and safeguarding network resilience to nodal attacks[J]. IEEE Communications Magazine, 2014, 52（11）: 138-143.

[8]　Costa L F. Reinforcing the resilience of complex networks[J]. Physical Review E, 2004, 69（6）: 066127.

[9]　Dkim D H, Eisenberg D A, Chun Y H, et al. Network topology and resilience analysis of South Korean power grid[J]. Physica A: Statistical Mechanics & Its Applications, 2017, 465: 13-24.

[10]　Ghedini C G, Ribeiro C H C. Improving resilience of complex networks facing attacks and failures through adaptive mechanisms[J]. Advances in Complex Systems, 2014, 17（02）: 1450009.

[11]　Zhao K, Kumar A, Harrison T P, et al. Analyzing the resilience of complex supply network topologies against random and targeted disruptions[J]. IEEE Systems Journal, 2011, 5（1）: 28-39.

[12]　Pandit A, Crittenden J C. Index of network resilience（INR）for urban water distribution systems[J]. Nature, 2012.

[13]　Bhatia U, Kumar D, Kodra E, et al. Network science based quantification of resilience demonstrated on the Indian Railways Network[J]. Plos One, 2015,

10（11）: e0142890.

[14]　Rosenkrantz D J, Goel S, Ravi S S, et al. Resilience Metrics for service-oriented networks: a service allocation approach[J]. IEEE Transactions on Services Computing, 2009, 2（3）: 183-196.

[15]　赵洪利, 杨海涛, 付芸. 网络化指控信息系统弹性分析方法研究[J]. 指挥与控制学报, 2015, 1（1）: 14-18.

[16]　Garbin D A, Shortle J F. Measuring resilience in network-based infrastructures[J]. Critical Thinking: Moving from infrastructure protection to infrastructure resilience, 2007.

[17]　Omer M, Nilchiani R, Mostashari A. Measuring the resilience of the transoceanic telecommunication cable system[J]. IEEE Systems Journal, 2009, 3（3）: 295-303.

[18]　Farahmandfar Z, Piratla K R, Andrus R D. Resilience evaluation of water supply networks against seismic hazards[J]. Journal of Pipeline Systems Engineering and Practice, 2017, 8（1）: 04016014.

[19]　Wang J W, Gao F, Ip W H. Measurement of resilience and its application to enterprise information systems[J]. Enterprise Information Systems, 2010, 4（2）: 215-223.

[20]　Golara A, Esmaeily A. Quantification and enhancement of the resilience of infrastructure networks[J]. Journal of Pipeline Systems Engineering and Practice, 2017, 8（1）: 04016013.

[21]　Wang D, Ip W H. Evaluation and analysis of logistic network resilience with application to aircraft servicing[J]. IEEE Systems Journal, 2009, 3（2）: 166-173.

[22]　Steiglitz K, Weiner P, Kleitman D. The

design of minimum-cost survivable networks[J]. IEEE Transactions on Circuit Theory, 1969, 16 (4): 455-460.

[23] Ip W H, Wang D. Resilience and friability of transportation networks: evaluation, analysis and optimization[J]. IEEE Systems Journal, 2011, 5 (2): 189-198.

[24] Cavallaro M, Asprone D, Latora V, et al. Assessment of urban ecosystem resilience through hybrid social-physical complex networks [J]. Computer-Aided Civil and Infrastructure Engineering, 2014, 29 (8): 608-625.

[25] 靳崇. 部件弹性表征及其对系统弹性影响规律研究 [D]. 北京: 北京航空航天大学, 2018.

[26] 蒋忠元. 复杂网络传输容量分析与优化策略研究[D]. 北京: 北京交通大学, 2013.

[27] Chen S, Huang W, Cattani C, et al. Traffic dynamics on complex networks: a survey[J]. Mathematical Problems in Engineering, 2012.

[28] Liu G, Li Y, Guo J, et al. Maximum transport capacity of a network [J]. Physica A: Statistical Mechanics and Its Applications, 2015, 432: 315-320.

[29] Song H Q, GuoJ. Improved routing strategy based on gravitational field theory[J]. Chinese Physics B, 2015, 24 (10): 108901.

[30] Ericsson M, Resende M G C, Pardalos P M. A genetic algorithm for the weight setting problem in OSPF routing [J]. Journal of Combinatorial Optimization, 2002, 6 (3): 299-333.

[31] Zhao L, Park K, Lai Y C. Attack vulnerability of scale-free networks due to cascading breakdown[J]. Physical Review E, 2004, 70 (3): 035101.

[32] Krioukov D, Fall K, Yang X. Compact routing on Internet-like graphs [C]//INFOCOM 2004. Twenty-third AnnualJoint Conference of the IEEE Computer and Communications Societies. IEEE, 2004: 1.

[33] Wang W X, Wang B H, Yin C Y, et al. Traffic dynamics based on local routing protocol on a scale-free network[J]. Physical Review E, 2006, 73 (2): 026111.

[34] Yin C Y, Wang B H, Wang W X, et al. Efficient routing on scale-free networks based on local information[J]. Physics letters A, 2006, 351 (4-5): 220-224.

[35] Noh J D, Rieger H. Random walks on complex networks[J]. Physical Review Letters, 2004, 92 (11): 118701.

[36] Erdös P, Rényi A. On the evolution of random graphs [J]. Pubications of the Mathematic Institute of the Hungarian Academy of Sciences Acad Sci, 1960, 5: 17-61.

[37] Bollobás B. Random graphs[M]. New York, NY: Springer, 1998: 215-252.

[38] Barabási A L, Albert R. Emergence of scaling in random networks [J]. Science, 1999, 286 (5439): 509-512.

[39] Power Systems Test Case Archive, Iceland Network[DB/OL]. 2011[2013-03-21]. http: //www. maths. ed. ac. uk/ optenergy/NetworkData/iceland/.

[40] 孟仲伟, 鲁宗相, 宋靖雁. 中美电网的小世界拓扑模型比较分析[J]. 电力系统自动化, 2004, 28 (15): 21-24.

[41] Arenas A, Díaz-Guilera A, Guimerà R. Communication in networks with hierarchical branching [J]. Physical Review Letters, 2001, 86 (14): 3196.

索　引